はじめに

　文部科学省は，平成19（2007）年度より，全国の小学校6年生と中学校3年生を対象に，その学力実態と学習状況等を把握するために『全国学力・学習状況調査』を実施しています。

　実施の背景は，平成12（2000）年前後からの「学力低下論争」や各種の「国際学力調査」の結果への対応と「学習指導要領」の改訂，すなわち「ゆとり教育からの脱却」と捉えてよいでしょう。教育における学力観の捉え方が，30年ほど前からの「ゆとり教育の実施」から年月を経て，大きく変わってきたということになります。

　ともあれ，現在実施されている「全国学力調査」は，次のような課題・問題を有したままでの実施となっています。

　1つは，調査結果が毎年公表されるたびに，マスコミを通じて大きく取り上げられている都道府県・市町村，そして学校単位での結果順位の公表の問題です。そして，国会においても，教育への政治の関わり方やその線引きが議論されています。

　2つめは，日本の子どもの学習意欲の低さや学習に対する価値観の変化です。これに対しては，子どもの生活文化と学習環境の変化及び生徒の学習活動の現状も踏まえた学習指導を工夫していく必要があるでしょう。現実の生活の中で，例えば，自動ドアや自動洗浄トイレ，自動車搭載ナビなどの生活様式の自動化，あるいはブラックボックス化が，「勉強」は誰かがしてくれるものだと思わせ，"自分の手で調べてみよう"，"考えてみよう"という学習意欲を培っていくことを妨げてはいないでしょうか。また，携帯電話・スマートフォンやインターネットの普及が，様々な利便性をもたらしている反面，記号化された「会話」になり，他に理解してもらえる表現が正しくできないという表現能力の低下を引き起こしてはいないでしょうか。

　3つめは，調査の結果のみに注目が集まり，世間一般には，問題の内容はあまり知られていません。特に，「応用力・活用力」に関わる内容の「B問題」について，その内容・レベル・問題の背景・対応策の有無などが，現場に浸透しておらず，日常の学習指導において，ほとんど考慮されていないのが現状のようです。

　本書は，2つめ，3つめの課題について，現場的発想から追究するとともに，今めざしている「子どもの本当の学力向上」に視点をあて，授業改善も含めたその対応策と対策問題を創作したものです。

　本書が学力向上のための授業改善の参考になれば幸いです。

平成27（2015）年11月　　　　　　　　　　　　　　　　　　　　著者代表　乾　東雄

中学校数学「PISA型学力」に挑戦！
Ｂ問題対策と「学力向上」

<目　次>

第1部　解説編

1章　学力問題と全国学力・学習状況調査の枠組みの背景 …………………… 4
2章　PISAの概要とPISA型学力 …………………………………………………… 5
3章　全国学力・学習状況調査のねらいと考え方 ………………………………… 13
4章　Ｂ問題の分析と対策 …………………………………………………………… 16
5章　Ｂ問題例を使った学習指導案 ………………………………………………… 23

第2部　問題編

問題編目次　－本書の問題と過去のＢ問題の分類－ ………………………………… 38
1　長距離走大会(グラフを読み取ろう) ………………………………………… 40
2　ばらばらの新聞紙(ページの並びのきまりを見つけよう) ………………… 42
3　日時計をつくる(時刻を影でつかもう) ……………………………………… 44
4　しきつめ模様(合同な図形でしきつめよう) ………………………………… 48
5　通学(グラフを読み取ろう) …………………………………………………… 52
6　地球温暖化(グラフを比べて調べよう) ……………………………………… 54
7　浮かぶ木片(水の増え方を調べよう) ………………………………………… 56
8　絵画展覧会(条件を読み取ろう) ……………………………………………… 60
9　ハノイの塔(ゲームのしくみを見つけよう) ………………………………… 62
10　カレンダー(数の並びの決まりを見つけよう) ……………………………… 66
11　皿の破片(作図を活用しよう) ………………………………………………… 70
12　球と立方体の体積(体積の関係を調べよう) ………………………………… 72
13　学校へ向かう妹と姉(グラフを読み取ろう) ………………………………… 76
14　うちわの印刷(グラフを活用しよう) ………………………………………… 78
15　直角二等辺三角形を折る(変化する数量を見つけよう) …………………… 80
16　はじめて使う単位(単位の関係をつかもう) ………………………………… 84
17　連立方程式の解き方(説明をふり返って考えよう) ………………………… 86
18　2つおきに並ぶ3つの整数の和(反例をあげて説明しよう) ………………… 90
19　5の倍数の和(仮定の条件を変えてみよう) ………………………………… 94
20　偶数どうしの積(説明をふり返って考えよう) ……………………………… 96
21　対角線への垂線(証明を見直そう) …………………………………………… 100
22　角の二等分線(条件を変えて調べよう) ……………………………………… 104
23　正方形と対角線の垂線(証明をふり返ろう) ………………………………… 108
24　立方体の切り口(証明を見直そう) …………………………………………… 110
25　鉛筆立てをつくる(問題解決の計画を立てよう) …………………………… 114
26　薬師算(和算の考え方を知ろう) ……………………………………………… 118

解答例 ……………………………………………………………………………………… 122

第1部　解説編

1章　学力問題と全国学力・学習状況調査の枠組みの背景

(1) はじめに

　子どもたちの学力をめぐる問題は，戦後，何度か社会問題化し，論争や調査が繰り返されてきました。

　第一の学力論争の波は，1950年代前後に当時の生活単元学習など経験カリキュラムに基づく教育の是非をめぐって争われた学力問題でした。この学力論争では，学力調査の結果などから都市部と農村部などの地域によって学力差があり，基礎学力の充実をめざして，経験カリキュラムから系統カリキュラムへと方向転換される契機となりました。

　第二の波は，1970年代中ごろの「落ちこぼれ・詰め込み教育」問題を契機として展開された学力論争と国民教育研究所と国立教育研究所の調査でした。これらの学力問題の論争は，どちらも教育政策の大きな転換の契機となりました。このときには，当時の文部省が，系統的カリキュラム（学問中心カリキュラム）を修正していわゆる「ゆとり教育」路線へと舵を切るきっかけとなりました。齊藤浩志（1978）は，国民教育研究所（以下，民研）と国立教育研究所（以下，国研）の調査について，次のようにまとめています。[1]

1) 中学校に入っても，小学校時代に身につけるべき学力が殆ど身についていない生徒が多く見いだされる（民研）中学校においては60～75％の生徒が「ついていけない」状況にある（国研）
2) 学年が進んでも，すでに学習した内容についての正答率があまり上昇せず，停滞ないし低下がみられる（国研）「停滞」「逆転」という学力の「剥落現象」がみられる（民研）
3) 学習のつまずきの内容的特徴としては「ある計算に必要な操作そのものの意味理解がきわめて不十分にしか身についていない」ケースが多い（民研）また，小数・分数・整数の乗除算の計算問題について，子どもには，実際の量との関係で捉えず「計算操作の機械的な暗記」としてしか捉えていない傾向が強い。（民研）。さらに，国語，社会，理科などの教科では「文の読みとり」や「資料から判別する力やデータの理解」「実験や論理的な解釈力」に関するものが低い傾向が見られる（国研）。

　この分析をみると，基礎的・基本的な知識技能の習得が不十分であること，読解力やデータの理解，事象を解釈する力に課題があることなど，現在の学力論争と同様の指摘があるのは，興味深いところです。

　そして，学力問題の第三の波は，2000年ごろからはじまった「学力低下論争」です。ここでは，「ゆとり教育」路線を焦点として論争が繰りひろげられ，文部科学省は，「ゆとり教育」の基盤となった「新しい学力観」を修正し，「確かな学力」の重視へと軸足を移していくことになりました。

(2) 第三の学力論争

　1999年3月26日付『週刊朝日』では，「東大，京大生も『学力崩壊』」というセンセーショナルな題名の記事が掲載されました。この記事を端緒として，『分数ができない大学生』（岡部恒治・西村和雄編著，東洋経済新報社，1999/6）などが刊行され話題になり，大学生の基礎的な学力の低下が社会問題として取り上げられました。

　そのような中，学力低下の原因を当時の文部科学省の教育政策に求めるのは，当然のなりゆきといえました。いわゆる「ゆとり教育」批判です。このような流れの中で，2002年1月には，当時の遠山文部科学大臣が「確

かな学力向上のための 2002 アピール「学びのすすめ」を出すことになります。そして，2003 年には，完全実施されて間もない学習指導要領の一部改正が行われ戦後，第三の教育課程の方向転換が行われました。

第三の学力論争には，これまでの 2 回とは異なる新しい力が加わります。それは，国際的な学力調査，特に，PISA2003 の結果です。PISA2003 では，わが国の子どもたちの読解力の成績がふるわず，そのことから PISA の調査における知識や技能を活用する能力である「リテラシー」という概念が注目されることになりました。つまり，この第三の学力問題の議論では，「読み・書き・計算」の基礎的学力の低下に端を発し，PISA の「リテラシー」概念に影響を受けて，探究力，応用力や活用力を重視する方向へ展開されていったといえます。

(3) 教育行政の動きと全国学力・学習状況調査の枠組みへの影響

これらの動きは，教育行政に反映されました。中央教育審議会は，平成 20（2008）年 1 月 17 日付の「幼稚園，小学校，中学校，高等学校及び特別支援学校の学習指導要領等の改善について（答申）」の中で，学力の重要な要素として，①基礎的基本的な知識や技能，②知識技能を活用して課題を解決するために必要な思考力・判断力・表現力等，③学習意欲，をあげて，学力の重要な要素を規定しています。また，PISA2003 や TIMSS2003 の結果から，わが国の子どもたちの学力は，全体としては国際的に上位にあるものの，読解力や記述式問題に課題があることや PISA 調査の読解力の習熟度レベル別の生徒の割合において，PISA2000 と比較して，成績中位層が減り，低位層が増加しているなど，成績分布の分散が拡大していることが見てとれると指摘されています。また，PISA2006 の結果においても 2003 年の同調査と同様の傾向が見られるとともに，科学的リテラシーにおいては，科学への興味・関心や楽しさを感じる生徒の割合が全般的に低いなどの課題が改めて明らかになったとしています。

平成 19（2007）年度から実施されている全国学力・学習状況調査の枠組みが，A 問題（「知識」に関する問題）と B 問題（「活用」の関する問題）となっており，あわせて，生活習慣や学習習慣等に関する調査が行われているのは，このような一連の学力問題の議論を背景にしているものであるといえるでしょう。

2章　PISA の概要と PISA 型学力

ここでは，全国学力・学習状況調査の枠組みに大きな影響を与えたと考えられる PISA 調査の概要と，そこで評価しようとしている力は，何であるのかについてみていくことにしたいと思います。

(1) PISA 調査の概要

PISA（Programme for International Student Assessment）調査は，OECD（経済協力開発機構）がすすめている国際的な学習到達度に関する調査の名称です。

PISA 調査は，もう 1 つの大規模な国際調査である TIMSS（国際数学・理科教育動向調査）調査とよく比較されます。TIMSS 調査が，初等中等教育段階における児童・生徒の算数・数学及び理科の教育到達度を国際的な尺度によって測定し，児童・生徒の学習環境条件等の諸要因との関係を分析することを目的としているのに対し，PISA 調査は，義務教育終了段階の 15 歳児が持っている知識や技能を，実生活の様々な場面で活用できるかどうかを見るものであり，特定のカリ

キュラムをどれだけ習得しているかを見るものではないとしています。そのPISA2003とTIMSS2003の概要を表にまとめると表1のようになります。

表1 PISA2003とTIMSS2003の概要[5]

	PISA	TIMSS
目的	身に付けてきた知識や技能を,実生活の様々な場面で直面する課題にどの程度活用できるかを測定する	児童・生徒の算数・数学及び理科の教育到達度を国際的な尺度によって測定し,児童・生徒の学習環境条件等の諸要因との関係を分析する
内容	読解力,数学的リテラシー,科学的リテラシーの3分野(2003,2012年調査は,数学的リテラシーを重点的に調査) あわせて,生徒質問紙,学校質問紙による調査を実施	算数・数学,理科 あわせて,児童・生徒質問紙,教師質問紙,学校質問紙による調査を実施
対象	義務教育修了段階 調査段階で15歳3か月以上16歳2か月以下の学校に通う生徒 (日本では高等学校1年生が対象)	初等中等教育段階 1. 9歳以上10歳未満の大多数が在籍している隣り合った2学年のうちの上の学年の児童 2. 13歳以上14歳未満の大多数が在籍している隣り合った2学年のうちの上の学年の生徒 (日本では小学校4年生,中学校2年生が対象)
調査実施年	2000年から3年ごとに実施	1964年から実施 1995年からは4年ごとに実施
実施主体	OECD(経済協力開発機構)	IEA(国際教育到達度評価学会)

(2) PISA調査で評価しようとしているものは何か

　PISA調査は,読解力,数学的リテラシー,科学的リテラシーの各分野について,ただ単に生徒が特定の教科の知識を再生できるかどうかといったことだけでなく,新しい状況において,生徒がこれまでに学んできたことから推測したり,知識を適用したりすることができるかを評価しています。ここでは,数学的リテラシーを中心にみていくことにします。

　数学的リテラシーについて,PISA調査では,次のように定義しています。

　数学的リテラシーとは,数学が世界で果たす役割を見つけ,理解し,現在及び将来の個人の生活,職業生活,友人や家族や親族との社会生活,建設的で関心を持った思慮深い市民としての生活において確実な数学的根拠に基づき判断を行い,数学に携わる能力である。

　この定義をみると,数学的リテラシーは,「数学が世界で果たす役割」「個人の生活」「職業生活」などの様々な「生活」,すなわち,現実の生活や現実の社会との関わりを重視しています。また,生活を重視している中で,「数学に携わる能力」,すなわち,生活への「活用力」を重視しています。さらに,「思慮深い市民」という文言から,深く考えることや振り返って考えること,いわゆる思考力を重視していることが分かりますし,「確実な数

学的根拠に基づき」判断するという部分から数学的な根拠をもって筋道立てて考えることを重視していることが分かります。中原忠男(2008)は、これらを「PISAはこのように、実世界化、活用化、論拠化の育成を算数・数学教育に求めているのである」と整理しています。

PISA調査では、生徒が様々な状況の中で数学的問題を設定し、定式化・解決・解釈を行う際に、数学的アイデアを有効に分析し、推論し、コミュニケーションする能力を評価しようとしています。このような問題解決の場面で、生徒は、学校教育と生活経験を通じて獲得した技能・能力を用いることが求められます。PISA調査では、生徒が実生活の問題を解決するために使用する基本的なプロセスを、数学化と呼び、図1のような数学化のサイクルを示しています。そして、PISA調査の数学的リテラシーの問題は、この数学化のサイクルを意識して作成されています。

具体的な問題でみる方が分かりやすいと思いますので、OECD(2010)『PISA2009年調査評価の枠組み OECD生徒の学習到達度調査』(明石書店)にある「数学的リテラシー問題例1:心拍数」で数学化のサイクルを追ってみることにしましょう。

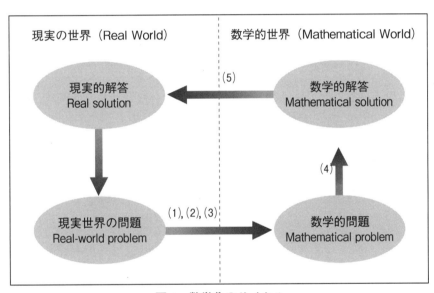

図1 数学化のサイクル
(出典:OECD(2010)『PISA2009年調査 評価の枠組み OECD生徒の学習到達度調査』)

(1) 現実に位置付けられた問題から開始すること。
(2) 数学的概念に即して問題を構成し、関連する数学を特定すること。
(3) 仮説の設定、一般化、定式化などのプロセスを通じて、次第に現実を整理すること。それにより、状況の数学的特徴を高め、現実世界の問題をその状況を忠実に表現する数学の問題へと変化することができる。
(4) 数学の問題を解く。
(5) 数学的な解答を現実の状況に照らして解釈すること。これには解答に含まれる限界を明らかにすることも含む。

数学的リテラシー問題例1：心拍数

　　私たちは，健康のため，例えば，スポーツ中に，一定の心拍数を越えないように，体の動きを制限すべきです。
　　長い間，人間の1分間あたりの望ましい最大心拍数と年齢の関係は次の公式によって表されていました。

1分間あたりの望ましい最大心拍数＝220－年齢

　　最近の調査で，この公式に多少の修正を加えなければならないということが分かりました。あたらしい公式は次のとおりです。

1分間あたりの望ましい最大心拍数＝208－(0.7×年齢)

(OECD, 2010, p.111)

心拍数に関する問い
　　ある新聞に次のような記事が出ました。
　「旧公式の代わりに新公式を使った結果，若年層の1分間あたりの望ましい最大心拍数は
　　少し減少し，年長者の1分間あたりの望ましい最大心拍数は少し増加した。」

　　新公式を使うようになってから，1分間あたりの望ましい最大心拍数が増加したのはどの年齢からですか。あなたの考えも式も示してください。

(OECD, 2010, p.111)

(1) この問題では,現実の身体の健康の問題,「過度に激しい運動を行うことは身体に悪影響を及ぼすことがある」ということを「望ましい最大心拍数」に注目することによって浮かび上がらせています。
(2) この問題は,数学を活用することによって解決できる問題ですから,どのような数学が関連しているのかを考えます。その際,生徒は,新旧2つの公式を比較し,読み取ることになります。
(3) そして,この問題を数学の問題に移行することになります。1つは, $y=220-x$ や $y=208-0.7x$ などのように代数的に表現する方法です。生徒は, y が1分間あたりの望ましい最大心拍数を示し, x が年齢を示すということを理解していることが必要です。もう1つの数学的な方法は,公式から直接グラフをかくことです。

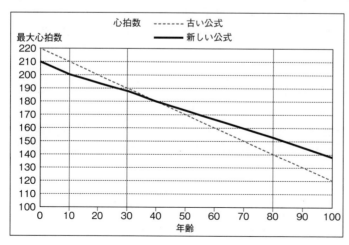

(OECD, 2010, p.112)

このような段階を経て，現実の世界から数学の世界へと移行していきます。

(4) 次の段階では，この数学の問題を解くことになります。ここでは，具体的には，前ページの2つのグラフの交点を見つけることになります。生徒は，

$$220-x=208-0.7x$$

を解くと，$x=40$ となりますので，グラフの交点の座標が（40, 180）であることを得ることになります。

(5) 最後に，これを現実の世界からみてどのような意味があるのかを確かめます。その結果，例えば，0歳や100歳の値など極端な年齢の場合は，新公式と旧公式の差が大きくなり注意を要することなど数学的解決の限界に気づくことができます。

このように，PISA調査の数学的リテラシーの調査問題においては，数学化及び問題解決のサイクル全体を明確にできるようになっています。

PISA調査における数学的リテラシーの調査問題は，「数学的な内容」「数学的プロセス」「数学が用いられる状況」の3つの側面を考慮して作成されています。

「数学が用いられる状況」は，私たちが実生活で出合うような現実的な状況であり，数学を用いることが問題解決につながるような状況であることが意識されています。生徒に身近かどうか，数学的な内容や構造の現れる程度がどうかによって，「私的」「教育的／職業的」「公共的」「科学的」の4種類の状況に分類されています。先程の「心拍数」の例は，私的な現実の世界に分類されます。

「数学的な内容」は，数学のカリキュラムの領域区分ではなく，現実の世界を数学の眼でみる方法に即した機能的な領域構成が成されています。具体的には，「空間と形」「変化と関係」「量」「不確実性」の4つの領域です。「心拍数」の問題は，数学的な関係及び決定するために2つの関係を比較するという要素が含まれているので，「変化と関係」に分類されています。

「数学的プロセス」の構成では，先に述べた数学化サイクルを実行するのに必要な認知的数学的能力として表2の8項目の能力を示しています。

表2　数学的プロセスに用いられる能力群

① 思考と推論
② 論証
③ コミュニケーション
④ モデル化
⑤ 問題設定と解決
⑥ 表現
⑦ 記号言語，公式言語，技術的言語，演算を使用すること
⑧ 支援手段と道具の使用

（OECD, 2010, pp.137-138）

これらの能力は，これまでの数学教育の目標にも，含まれていたものだといえます。

例えば，「心拍数」の問題では，数学的モデル化に関する能力（④），式への数値の代入や式の変形能力（⑦），一連の問題解決のプロセスで用いられる数学的思考や推論の能力（①）などの能力が，特に必要であるといえます。

PISA調査では，これらの能力が含まれる認知活動を，表3の3つの能力クラスターに分類して説明しようとしています。

表3　能力クラスターの分類

① 再現クラスター
② 関連付けクラスター
③ 熟考クラスター

（OECD, 2010, p.139）

「再現クラスター」は，数学化を必要としない問題を解決する場合や標準的なアルゴリ

ズムを適用する計算のように標準化された評価や教室で行われるテストで最も一般的に使用される能力で，基本的な知識や技能を問う問題に対応するものです。「関連付けクラスター」と「熟考クラスター」は，数学化のプロセスを含んでいる問題を取り扱います。「関連付けクラスター」は，どちらかといえば身近で標準的な問題解決を含み，「熟考クラスター」は，独自の着想やより深い思考が必要な複雑な問題解決過程や思考過程を含むものです。「心拍数」の問題は，「関連付けクラスター」に属する問題になります。これらは図2のように整理することができます。

```
┌─────────────────────────────────┐
│         数学的リテラシー          │
└─────────────────────────────────┘
     ↓              ↓              ↓
```

熟考クラスター
• 複合的な問題解決及び問題設定
• 熟考と洞察
• 本来の数学的アプローチ
• 複数の複合的な方法
• 一般化

再現クラスター
• 標準的な表現と定義
• 決まりきった計算
• 決まりきった手順
• 決まりきった問題解決

関連付けクラスター
• モデル化
• 標準的な問題解決の変換及び解釈
• うまく定義付けられた複数の方法

図2　能力クラスターの概略図　　（OECD，2010，p.151）

(3)「読解力」と「問題解決能力」

PISA調査では，読解力を次のように定義しています。

「自らの目標を達成し，自らの知識と可能性を発達させ，効果的に社会に参加するために，書かれたテキストを理解し，利用し，熟考する能力。」

ここでいう「書かれたテキスト」というのは，次の2つに分類されます。
1つは，連続型テキストで，もう1つは非連続型テキストです。
これらは，およそ次のように説明することができます。
連続型テキスト：文章で表されたもの。
　　　　　　　例えば，物語，解説，記述，記録，説明など
非連続型テキスト：データを視覚的に表現したもの。例えば，図，地図，グラフ，表など

PISA調査では，読む行為のプロセスとして，次の3つの観点を設定し，問題を構成しています。

① テキストの中の情報の取り出し
② 書かれた情報から推論して意味を理解する「テキストの解釈」
③ 書かれた情報を自らの知識や経験に位置付ける「熟考・評価」

このようにPISAにおいては，「読解力」を，単に文章を読むという通常の文章の読解を越えて，テキストを利用したり，テキストに基づいて自分の考えを論じたりすることなどと

幅広く捉えられています。

問題解決能力については，次のように定義しています。

「問題解決の道筋が瞬時には明白でなく，応用可能と思われるリテラシー領域あるいはカリキュラム領域が数学，科学，または読解のうちの単一の領域だけには存在していない，現実の領域横断的な状況に直面した場合に，認知プロセスを用いて，問題に対処し，解決することができる能力」（PISA2003における定義）

「問題解決能力とは，解決の方法がすぐには分からない問題状況を理解し，問題解決のために，認知プロセスに関わろうとする個人の能力であり，そこには建設的で思慮深い一市民として，個人の可能性を実現するために，自ら進んで問題状況に関わろうとする意思も含まれる」（PISA2012における定義）

PISA2003とPISA2012における定義の共通点と相違点をあげると，次のようになります。

共通点としては，問題解決能力が，「解決の方法がすぐには分からない問題状況を理解し，問題解決のために，認知プロセスに関わろうとする個人の能力」としている部分です。

相違点は，PISA2003の定義が，問題解決能力の認知的側面に注目し，教科横断的な性質を強調していたのに対し，PISA2012では，「自ら進んで問題状況に関わろうとする意思」といった情意的な側面も定義に含めているところであるといえます。

いずれにせよPISAの問題解決能力は，実生活への活用を強く意識した問題場面において，数学的な問題解決を行う際に用いられる能力であると捉えてよいと考えられます。

（4）数学科におけるPISA型学力の捉え方

ここまでPISA調査が提起した「数学的リテラシー」「読解力」「問題解決能力」の定義や枠組みを概観してきました。これらの特徴を整理して，PISA型学力について考えてみることにします。

中原忠男（2008）は，PISA型学力を「PISAは算数・数学の授業において現実的な内容の書かれた数学的な問題の解決能力の育成を主なねらいとし，それをもとに実世界への活用力を育成しようとしていると捉えられる」とし，「数学的な方法に関わる能力が重要であり，これに読解力と数学的内容を加えて，図3のようにその構造を整理し，こうした構造をもつ学力を算数科・PISA型学力ということにする」としています。中原のPISA型学力の構造のうち問題解決に活用される数学的内容を小学校から中学校へと拡張することで，この構造は，数学科におけるPISA型学力として通用するものであると考えられます。

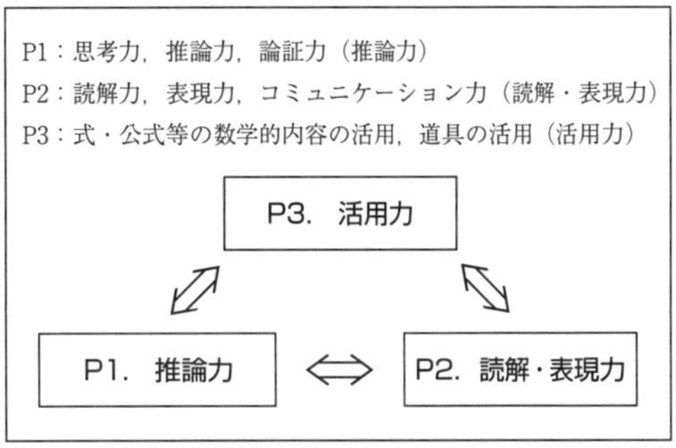

```
P1：思考力，推論力，論証力（推論力）
P2：読解力，表現力，コミュニケーション力（読解・表現力）
P3：式・公式等の数学的内容の活用，道具の活用（活用力）

          P3. 活用力
         ↙        ↘
   P1. 推論力  ⇔  P2. 読解・表現力
```

図3　算数科・PISA型学力の構造
（中原忠男，2008，p.18）

また，武田政幸（2014）は，「PISA型学力」の概要を，次の4つにまとめています[7]。

① 知識や技能の実生活での活用力
② 図表・グラフ・地図などを含んだ文章の読解力
③ 「選択式問題」とその根拠の説明力
④ 情報に対する判断力と自分の意見の表現力。

このまとめは，実際に生徒がPISA調査の問題を回答する際に必要となる力を端的に表したものであるといえます。それをさらに詳細にしたものが，先の中原（2008）の捉え方であるとみることができるでしょう。

本書では，PISA型の調査問題に向き合うことを中心に考えていますので，PISA型学力として，武田（2014）の考え方を踏襲していくことにします。

ところで，OECDが，PISA調査で評価しようとしている資質や能力は，OECDで，PISA調査と並行して研究されてきたキー・コンピテンシー（主要な能力群）と密接な関係があります。その枠組みについても簡単にふれておくことにします。

(5) OECDのキー・コンピテンシーとは

OECD（国際経済協力機構）において，キー・コンピテンシーが研究されるようになった背景には，近年，国際的に多様化と自由化が進む一方で，グローバル化とそれに伴う標準化が進んでおり，継続的な経済成長を求めながらも，その成長が自然環境や社会環境に及ぼす影響について懸念しているということがあります。

これらの背景の中で，読み，書き，計算以外のどのような能力が個人を人生の成功へと導き，社会の成功へと導くことになるのかという問いがあるのです。このような問いから，1997年にDeSeCo（Definition and Selection of Competencies: Theoretical & Conceptual Foundations）プロジェクトがはじめられ，2003年に報告書が出されました。

その端緒となった問いからも分かるように，DeSeCoは，「人生の成功」を得るとともに「良好に機能する社会」を担うために必要なコンピテンシー（能力）とは何かを追究するプロジェクトです。その全体的な枠組みは図4のようになっています。

ここでは，「コンピテンシー（能力）」は，単なる知識や技能だけではなく，技能や態度を含む様々な心理的・社会的なリソースを活用して，特定の文脈の中で複雑な要求（課題）に対応することができる力とされています。

また，「キー・コンピテンシー」は，日常生活のあらゆる場面で必要なコンピテンシーをすべて列挙するのではなく，様々なコンピテンシーの中から，①人生の成功や社会の発展にとって有益である，②様々な文脈の中でも重要な要求（課題）に対応するために必要である，③特定の専門家ではなくすべての個人にとって重要である，という性質を持つものとして選択されたコンピテンシー（能力）です。そして，キー・コンピテンシーは，次の3つのカテゴリーに分類されています。

① 社会・文化的，技術的ツールを相互作用的に活用する能力（個人と社会との相互関係）
② 多様な社会グループにおける人間関係形成能力（自己と他者との相互関係）
③ 自律的に行動する能力（個人の自律性と主体性）

これら3つのキー・コンピテンシーの枠組みの中心にあるのは，「省みて考える力」「深く考えること」があります。「省みて考える力」あるいは「深く考えること」には，目前の課題に対して，特定の定式や方法を適応して問題解決するだけでなく，変化に対応する力，経験から学ぶ力，批判的な立場で考え，行動する力，メタ認知などが含まれます。

PISA調査で評価しようとしている資質や能力は，数学的リテラシーの定義にもあるように「思慮深い市民」として数学に携わる能力ですから，上の3つのカテゴリーのうち「①社会・文化的，技術的ツールを相互作用的に活用する能力」やこの枠組みの中核である「省みて考えること」「深く考えること」に密接に関わっていることがご理解いただけると思います。

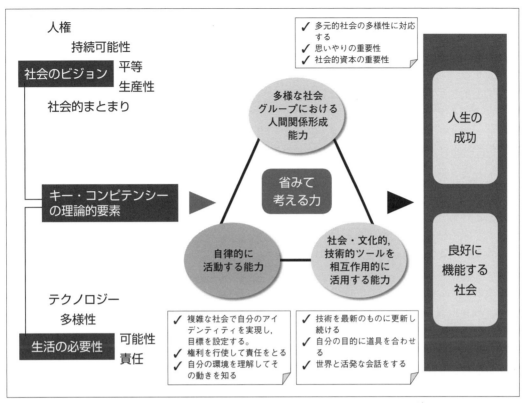

図4　DeSeCo の全体的な枠組みとキー・コンピテンシー[8]

3章　全国学力・学習状況調査のねらいと考え方

　全国学力・学習状況調査は，平成19（2007）年度から実施され，平成23（2011）年度を除いて毎年4月の下旬に小学校6年生と中学校3年生を対象に実施されてきました。ほぼ10年間実施されてきたことで，学校や社会で定着してきた印象があります。新聞などでも，年中行事のようにこの調査の結果として，各都道府県の順位が報道され，学校や各教育委員会などは，その順位に一喜一憂しているところがあります。

　この章では，全国学力・学習状況調査のねらいや考え方についてみていきたいと思います。

(1) 全国学力・学習状況調査の目的

　全国学力・学習状況調査のねらいと考え方，特に，B問題のねらいや問題作成の考え方はどのようなものなのでしょうか。この章では，『平成26年度　全国学力・学習状況調査　解説資料　中学校　数学〜一人一人の生徒の学力・学習状況に応じた学習指導の改善・充実に向けて〜』を中心に文部科学省の見解に基づいて，B問題のねらいや問題作成の考え方について整理していくことにします。

　まず，この調査の目的は，どのようなところにあるのでしょうか。

　調査の目的は，平成26年度全国学力・学習状況調査に関する実施要領では，「義務教育の機会均等とその水準の維持向上の観点から，全国的な児童生徒の学力や学習状況を把握・分析し，教育施策の成果と課題を検証し，その改善を図るとともに，学校における児童

生徒への教育指導の充実や学習状況の改善等に役立てる。さらに、そのような取組を通じて、教育に関する継続的な検証改善サイクルを確立する。」となっています。

この目的は、「① 教育行政としての国の責任によるインプットを基盤として、国の責任よりアウトカムを検証し改善すること」「② 学校として生徒の実態を把握し、教育指導の充実や授業改善を通して、生徒の学力を向上させること」、そして、「③ これらの取組を通して、教育の分野における継続的なマネジメントサイクル（PDCAサイクル）を確立すること」の3つであると解することができます。

したがって、本来的には、生徒の実態を把握し、教育指導の充実や授業改善を通して、生徒の学力を向上させるためのものであり、順位を争ったり、競争を激化させたりすることを目的としてはいません。学力調査の結果では、どうしても全体の総得点に目がいきがちになり、ある問題のこの結果からどのように授業改善ができるかよりも、「○○県の順位は？」といったところに注目が集まってしまうのは、大変残念なことだと思います。

ところで、全国学力・学習状況調査は、小学校6年生と中学校3年生を対象に悉皆調査（原則として、全国すべての児童生徒が参加する）で行われています。

それでは、なぜ、全国学力・学習状況調査は、悉皆調査として実施されているのでしょうか。

それは、すべての児童生徒の学習到達度を把握することによって、義務教育の機会均等や一定以上の教育水準が各地域等において確保されているかどうかをきめ細かく把握することや、すべての教育委員会、学校等が、全国的な状況との関係における学力に関する状況、児童生徒の学習環境や家庭における生活状況等を知り、その特徴や課題などを把握し、主体的に指導改善等につなげる機会を提供することと説明されています。

（2）中学校数学の調査問題作成の基本的な考え方

中学校数学の調査問題は、主として「知識」に関する問題（以下、A問題）と、主として「活用」に関する問題（以下、B問題）から構成されています。

A問題は、「身につけておかなければ後の学年の学習内容に影響を及ぼす内容や、実生活において不可欠であり常に活用できるようになっていることが望ましい知識・技能など」について出題することになっています。

この説明を読んで、「あれ？A問題も『活用』なの？」と思われた方もあるでしょう。A問題では、基盤的な事項、あるいは、基礎的・基本的な内容を問うことになっているのですが、「基礎的・基本的であるということ」の捉え方に少し注意が必要です。基礎・基本というときに、算数・数学を学んでいくための基礎・基本という側面と、生活における基礎・基本という側面の2つの見方があります。数学では、既習事項を活用して新しい数学の内容をつくり出すという立場から、既習事項を新しい数学をつくり出すための「基礎・基本」とみることができます。また、生活する上で常に必要な算数・数学を「基礎・基本」として捉える見方もできます。

前者のような立場からみると、知識を中心に問うA問題の基本的な考え方の中に「活用」という言葉が使われている意味も理解できると思います。

B問題は、「知識・技能等を実生活の様々な場面に活用する力や様々な課題解決のための構想を立て実践し評価・改善する力などに関わる内容」から出題することになっています。ここからは、これまでにみてきたPISA調査における数学化のサイクルにそった問題解決の場面で発揮される数学的リテラシーを評価しようとしていることが分かります。

B問題は、中学校数学の目標に照らして、どのような場面で、どのような数学的な知識・技能が用いられるか、また、それぞれの場面

で生徒のどのような力を評価しようとするかを明確にしています。そのために，B問題の枠組みは，当該の数学的な知識・技能などについて，「活用の文脈や状況」「活用される数学科の内容（領域）」「数学的なプロセス」の3つの視点から，表4のように整理されています。

この表では，活用する力は，α，β，γ，の3つに分けられています。αは，例えば，実生活や身の回りの事象を数量や図形などに着目して，理想化・単純化して数学的に捉える（α1）ところからスタートし，そこに表れた情報を適切に用い，数学の知識や技能，数学的な考え方等を駆使して問題解決をしていく（α2，α3）ときに用いられる力であるとみることができます。このプロセスでは，PISA調査で「関連付けクラスター」と分類されている能力群が用いられる場合が多いと考えられます。

また，βは，例えば，実生活や身の回りの事象にみられる様々な課題について，筋道を立てて論理的に考えて課題を解決し（β1），結果やその解決のプロセスについて現実の問題に戻って振り返って評価したりする（β2）際に用いられる力であるとみることができます。このプロセスでは，PISA調査で「熟考クラスター」と分類されている能力群が用いられることが多いと考えることができます。

表4　「活用」の問題（B問題）作成の枠組み

活用する力	活用の文脈や状況	主たる評価の観点	活用される数学科の内容（領域）	数学的なプロセス
α：知識・技能などを実生活の様々な場面で活用する力	実生活や身の回りの事象での考察	数学的な見方や考え方	数と式	α1：日常的な事象等を数学化すること 　α1(1)ものごとを数・量・図形等に着目して観察すること 　α1(2)ものごとの特徴を的確に捉えること 　α1(3)理想化，単純化すること α2：情報を活用すること 　α2(1)与えられた情報を分類整理すること 　α2(2)必要な情報を適切に選択し判断すること α3：数学的に解釈することや表現すること 　α3(1)数学的な結果を事象に即して解釈すること 　α3(2)解決の結果を数学的に表現すること
β：様々な課題解決のための構想を立て実践し評価・改善する力	他教科などの学習	数学的な技能	図形 関数	β1：問題解決のための構想を立てて実践すること 　β1(1)筋道を立てて考えること 　β1(2)解決の方針を立てること 　β1(3)方針に基づいて解決すること β2：結果を評価し改善すること 　β2(1)結果を振り返って考えること 　β2(2)結果を改善すること 　β2(3)発展的に考えること
γ：上記α，βの両方に関わる力	算数・数学の世界での考察	数量や図形などについての知識・理解	資料の活用	γ1：他の事象との関係を捉えること γ2：複数の事象を統合すること γ3：事象を多面的に見ること

（出典：国立教育政策研究所『平成26年度　全国学力・学習状況調査　解説資料　中学数学』p.7）

4章　B問題の分析と対策

この章では，過去に実施された全国学力・学習状況調査のB問題について分析していきたいと思います。

先に述べましたとおり，B問題は，知識・技能等を実生活の様々な場面に活用する力や様々な課題解決のための構想を立て実践し評価・改善する力などに関わる内容から出題されています。

全体の枠組みは，先に述べたとおりですが，B問題は，実施年度によって多少の違いはあるものの大問が6問程度出題されています。6問のうち半分は，日常の現実世界の場面からの出題であり，半分は数学世界の場面からの出題となっています。

(1) 読解力が求められる

日常生活の文脈において問題を提示するため，どうしても文章や説明が長くなり，問題を読解することが難しくなります。

当たり前のことですが，B問題では，まず，最後までしっかりと読むということが重要になります。その上で，文脈にそって問題を読み取り，必要な情報や数値，図形等について，それらを関係付けながら読解することが求められます。

例えば，平成23年度のB問題①「ペットボトルのキャップ」の問題では，生徒会で行っているペットボトルキャップの回収について知らせる生徒会だよりの下書きをしているという場面で問題が展開されています。したがって，そのことを理解した上で，生徒会だよりの下書きに目を通し3つの小問に解答することになります。

小問(1)では，生徒会便りの下書きに掲載されている「折れ線グラフ」を読み取り，正しいものを4つの選択肢から選択するという問題になっています。数学的な内容は，小学校第4学年で学習する折れ線グラフの読み取りで，中学生にとっては，比較的解答しやすい内容でしょう。しかし，小問までたどり着くまでに1ページ分の記述を読まなければなりません。

小問(2)では，キャップの入った回収箱の重さが分かっているとき，キャップ1個の重さがすべて等しいと考えて，キャップのおよその個数を，比例関係を使って求める方法を説明する問題なのですが，問題は，8行にわたって記述されています。中学校の教科書等で見られる一般的な数学の問題と比べると，かなり長いものであるといえるでしょう

小問(3)では，キャップの個数を x 個とし，x 個のキャップが入った回収箱の重さを yg とすると，x と y の間の関係は1次関数であることを選択肢から選択させる問題なのですが，ここまでに，3ページ分の記述をていねいに読む必要があります。

他の問題でも同様の傾向があり，数学世界の問題でもかなりの量の記述を読みこなす必要があるといえます。

普段の学習の中で，適切な支援のもと，この問題集にあるようなB問題の類似問題にふれることは，読解力の育成につながると考えられます。そして，ある程度の量をもったテキストを読みこなす練習も必要になってくると考えられます。

(2) 知識や技能も必要

数学の問題解決を行うのですから，日常場面から数学を取り出し，A問題で問われるような数学に関する知識・理解や技能も求められます。B問題ではそのことを前提に，振り返って考えたり，発展的に考えたりすることが求められます。

図形領域では，図形の性質について三角形の合同を用いて証明することが，毎年のように求められています。

例えば、平成26年度のＢ問題の4では、次の図のようにＡＢ＝ＡＣの二等辺三角形で、ＢＤ＝ＣＥとなる点Ｄ、点Ｅをとったとき、ＡＤ＝ＡＥとなることを証明することが求められています。

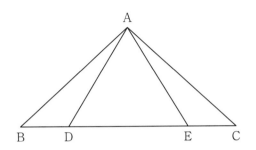

ここでは、次のような証明を数学的に書く必要があります。

△ABDと△ACEにおいて、
仮定より、
  AB＝AC ……①
  BD＝CE ……②
二等辺三角形の底辺は等しいから、
  ∠ABD＝∠ACE ……③
①、②、③より、2組の辺とその間の角がそれぞれ等しいから、
  △ABD≡△ACE
合同な図形の対応する辺は等しいから、
  AD＝AE

また、数と式の領域でも、3つの連続する自然数の和や連続する整数の和などを、文字式で表して説明することが毎年のように出題されています。

例えば、平成26年度のＢ問題の2では、「連続する3つの整数の和は中央の数の3倍になる」ということを具体的な数で予想し、その予想がいつも成り立つことを証明することが求められます。

ここでは、次のような証明を記述できることが必要です。

連続する3つの整数のうち、最も小さい整数を n とすると、連続する3つの整数は、n、$n+1$、$n+2$ と表される。それらの和は、

$$n+(n+1)+(n+2)=3n+3$$
$$=3(n+1)$$

となる。

$n+1$ は、中央の整数だから、$3(n+1)$ は中央の整数の3倍である。

したがって、連続する3つの整数の和は、中央の整数の3倍である。

この問題では、さらに、連続する3つの整数を連続する5つの整数に変えた場合について、発展的に考え、予想することが求められています。

このように、Ｂ問題で手際よく解答するためには、Ａ問題で問われるような数学に関する知識・理解や技能が必要ですし、さらに、そのことを振り返って考えたり、発展的に考えたりすることが求められるといえます。その意味では、数学の内容を確実に理解し、使える形で定着させることが望まれます。

ただし、このことは、学習場面において、知識・技能をつけなければ活用ができないということではなく、活用場面で問題解決を行うことにより、知識や技能を使える形で身につけることが可能であるということを忘れないようにすることが大切です。

なお、証明の問題では、反例についても出題されることが多いので、普段の指導の中で、このことについて理解が充分できるように、意識して指導しておくことが必要でしょう。

(3) 記述問題には型がある

Ｂ問題では、「選択式」、「短答式」、「記述式」の3種類の出題形式が用いられています。

「選択式」は、文字通り選択肢から選択するのですが、関係を見出して選択したり、根拠をもって判断したりすることも求められます。

「短答式」では，与えられたグラフから数値を読んだり，与えられた式にある数値を代入して値を求めたり，空欄に数値や式を入れたりすることが求められます。

「記述式」については，これまでの調査でも，課題があると指摘されているとおり，生徒が苦手とする形式です。全国学力・学習状況調査の解説資料にもあるとおり「記述式」には，大きく次の3つの型があります。

a）見出した事柄や事実を説明する問題
　　（事実・事柄の説明）
　この型は，数量や図形などについて成り立つことが予想される事柄を見出して数学的に正確に表現することを求めるものです。この型の記述では，前提あるいは根拠と，それによって説明される結論の両方を「○○は，△△である。」の形で記述することが求められます。

b）事柄を調べる方法や手順を説明する問題
　　（方法の説明）
　方法の説明では，事柄を調べる方法や手順を説明することになるのですが，問題にアプローチする方法を考える上で「用いるもの（○○）」（例えば，グラフ，式，表など）と，その「用い方（△△）」（例えば，xとyの関係式にある値を代入して求めることや，2点を通る直線からグラフ上のxの値に対応するyの値を求めることなど）の両方を「○○を用いて△△する」の形で記述することが求められます。

c）事柄が成り立つ理由を説明する問題
　　（理由の説明）
　理由の説明では，説明すべき事柄について，その根拠を示すことと，その根拠に基づいて事柄が成り立つことの両方を「○○であるから，△△である。」の形で記述することが求められます。

　例えば，平成27年度のB問題の②(3)では，「連続する3つの整数の和は，中央の整数の3倍になる」ことを確かめたあと，連続する3つの整数の和を連続する5つの整数の和に変えて考え，「○○は，△△である。」の形で「連続する5つの整数の和は，中央の整数の5倍になる」と予想される事柄を記述することが求められます。

　この3つの型を意識しながら，授業の中などで，日常的により洗練された数学的な表現を追究することが重要でしょう。その際，言葉以外の数，式，図，表，グラフなどを用いて表現したり，それを解釈したりする活動や言葉や数，式，図，表，グラフ等の相互関係を理解していくことなども重要です。

(4) B問題に対応できる力を

　さて，ここまでにB問題の大まかな分析をしてきました。
　ここでは，本書などを活用して，B問題に対応できる力をどのようにつけていくのかということについて述べていきたいと思います。

①読解力の育成への対応

　B問題では，数学化のサイクルを強く意識した問題が多く出題されますので，普段の数学の授業で取り扱う問題の文章よりも長い文章を読み解くことが必要です。このような説明の文章が長い問題を最後まで読めるようになるためには，ある程度，B問題のような問題に慣れることも大切です。

　本書では，長い文章の問題を読みこなすという機会を提供することを意図して，過去に実施されたB問題の記述にならい，各問題を作成しました。

　例えば，「ハノイの塔」の問題では，最初に「ハノイの塔」という遊びについての説明があります。

4章　B問題の分析と対策

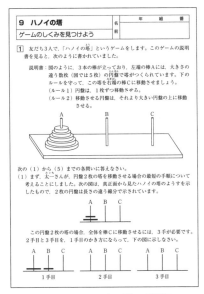

図5　ハノイの塔の問題
（本書 p.62）

図6　ふきだし法の事例[12]
（出典：亀岡正睦（2009），p.41）

ここでは，友だち3人で「ハノイの塔」の説明書を読んでいるという場面設定で，説明書を読んでハノイの塔のルールを理解する必要があります。その上で，小問（1）に入ります。ここでも，図と関連付けながら，太一さんの手順をていねいに追う必要があります。この例のように，本書では，文章などを読んでいく力をつけるように工夫しています。問題の大切だと思うところに線を引いたり，重要な部分をメモとして書いたりしながら，問題文を読む練習をするのも1つの方法だと思います。中学校ではあまり行われていないかもしれませんが，小学校の算数科では，問題のまわりに吹き出しで気づいたことや大切なことなどを書いていく「ふきだし法」という方法が使われることがあります。亀岡正睦（2009）は，「ふきだし法」について，親和的な雰囲気の中で吹き出しに自分の考えを自由に記述することは自己内対話を促進し，児童生徒の内的なものを外化する機能があるとしています。読解の苦手な生徒には，このような方法が問題の読解に役に立つツールになるかもしれません。

②知識・技能を活用場面で身につける

　B問題を解く際には，数学の基礎的・基本的な知識や技能が当然必要になります。
　例えば，「地球温暖化」の問題では，ヒストグラムを読むことが求められます。

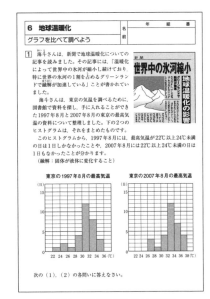

図7　地球温暖化の問題
（本書 p.54）

　このような問題に出合ったときに，基礎的な知識や技能がないと活用ができないと手も足も出ないと考えるのではなく，この場面で問題解決を行うために，これまでの学習を振り返り，活用場面での学習を通してヒストグ

ラムの読み方について学び直すことが重要です。

また，国立教育政策研究所は，全国学力・学習状況調査の結果を分析したあと，報告書や授業アイデアを公表しています。そこでは，調査問題での課題や課題解決のための方策，実際の授業例などが示されています。

「全国調査は，結果の発表に時間がかかるから，授業改善に役立たない」という声を聞くこともありますが，報告書や授業アイデア集を活用することは，有効な手段です。

特に，授業アイデア集は，全国学力・学習状況調査で課題のあった問題について作成されていますから，参考にする価値があると思います。詳しくは，国立教育政策研究所の「全国学力・学習状況調査のページ（http://www.nier.go.jp/kaihatsu/zenkokugakuryoku.html）」を参照してください。

③授業の中で問題解決力をつける
ⅰ）学習指導の着眼点

乾 東雄（2014）は，問題解決力を育成する学習指導の着眼点として次のようにまとめています。[13]

```
①問題が意識され解決に至るまでの過程の指導の着眼点
 《問題解決能力の基盤》
  1 言語・概念の理解
  2 問題の認識と問題点の把握…素直に読み，聴き，観察する。
  3 知識の記憶・理解と活用
  4 技能の習熟と活用
 《問題解決の能力（思考力）》
  5 思考の柔軟性と創造する力
  6 直観する力，洞察する力
  7 問題を処理する方法の発見と活用     問題解決の
  8 判断する力，鑑賞する力           能力(思考力)
  9 推理の方法の理解と活用
 《表現能力》
  10 解決に至る過程や結論の表現と伝達
 《評価能力と発展能力》
  11 解決した結果についての反省と発展的考察
②問題解決を成功させる基盤となる指導の着眼点
  12 問題を解決しようとする意志の積極性と永続性
  13 問題に立ち向かう態度と関心の深さ
③人格形成に関係ある指導の着眼点
  14 習慣化されている程度，実践する力
  15 感性の豊かさ
```

図8　学習指導の着眼点[13]

本書の問題は，問題を解決する力や考える力，表現する力を重視していますから，これらの問題を授業の学習課題として用いようとお考えの先生方もおられると思います。

ここで取り上げたような問題を，授業で取り上げることは，生徒の問題解決力や思考力，表現力を向上させるのに有効であるといえます。

その際，注意していただきたいことは，先に示しました「学習指導の着眼点」に注意しながら，授業を組み立てていただくということです。

ⅱ）問題は授業の一部を切り取ったもの

本書で採り上げている問題や全国学力・学習状況調査のB問題は，そのまま授業の課題として取り上げることもできます。しかしながら，本書の問題は，授業の一部分を切り取ったものという側面ももっています。

授業においては，先述の学習指導の着眼点における《問題解決能力の基盤》についても，充分時間をとって取り扱うことになると思います。「地球温暖化」の問題であれば，資料を整理して度数分布表を作成し，そこからヒストグラムをかくなど，知識や技能の習熟を図ったり，用語や概念の理解などを図ったりすることも重要になってきます。

先述したように，本書の問題は，授業の一部分を切り取ったものという側面ももっています。

ⅲ）モデルの限界や現実世界との整合性の検討を

授業の中では，単に問題を解決するということにとどまらず，数学化のサイクルを意識して，数学的解決の限界や数学的モデルの限界，あるいは，現実世界との整合性の吟味を行いたいものです。

例えば，「地球温暖化」の問題では，小問(2)で，ヒストグラムの特徴を比較して，1997年より2007年の夏が暑かったと考えていま

すが，このことは，東京の気温が，近年になるほど暑くなっていることや地球温暖化が進んでいることを結論づけるのには無理があります。

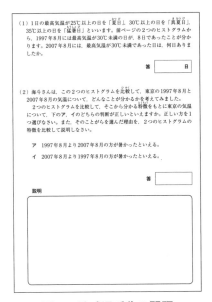

図9　地球温暖化の問題
（本書 p.55）

これ以外の問題でも，数学の世界で解決した結果が，必ずしも現実世界では十分ではないことや使用するモデル（例えば，1次関数のグラフで近似して将来のことを予測することなど）によっては，生徒が用いることができる数学的モデル自体に限界がある場合も多くあるということに着目し，授業では，このようなモデルの限界や現実世界との整合性などを検討していただきたいということです。

iv) 記述の型への対応

授業で取り扱う際の着眼点として，記述の型への対応があります。これについては，授業の中で，分かった事柄や方法，または，理由などを説明させる際に，数や式，グラフ，図や表，言葉などの様々な表現を用いた言語活動を重視していくことが重要です。

その中で，はじめは自分なりのあらけずりな表現であったものを，次第に数学的に洗練された表現へと移行させていくことを意識することが重要でしょう。その際，先に述べた事柄，方法，理由を説明する際の型を意識して指導するということが可能であると考えます。

v) メタ認知の育成にも意識をひろげて

最後に，問題解決の推進力としてはたらいたり，学校で学んだことを日常の問題解決に活用したりするときにはたらくメタ認知ということについて少しだけふれておきたいと思います。

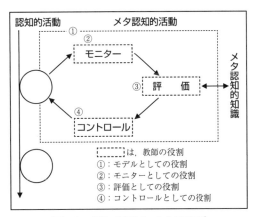

図10　認知活動とメタ認知[14]

メタ認知は，認知的活動をコントロールする認知といわれるもので，問題解決を行ったり，ものごとを考えたりするときにはたらくものです。人は何か目的を持って行動する際に様々なことを考えます。その行動をしている途中で「自分が行っていることは正しいのか？」とふと立ち止まったり，途中でうまくいかなくなり「どこでまちがったのか？」と振り返ったりすることがあります。このような気づきがメタ認知活動（メタ認知的技能）の「モニター（モニタリング）」と呼ばれるものです。このモニタリングの結果に対して，これまでの経験の蓄積（メタ認知的知識）と照合して評価し，自分の行動を決定する「コントロール」を行います。図10は，これを

図示したものになっています。

　教師は、授業における机間観察の際に、生徒のメタ認知的活動（図10中の①〜④）の部分を、「図や記号をうまく使えないかな」とモニターしたり、「前にやった方法をうまく使えているね」と評価したりすることがあります。これは、メタ認知的活動（技能）を代行し、生徒のメタ認知のサイクルがきちんと機能することを促しているといえます。これらの教師の言語行動などが、生徒の中に内面化し「内なる教師（メタ認知）」となれば、問題解決の大きな力になるといえます。

　メタ認知をうまくはたらかせることができる生徒は、問題を解決するまで、自分の活動を適切にモニタリングすることができ、その問題解決の方法を目的に向けて進めていける生徒ということになります。一方、メタ認知をうまくはたらかせることができない生徒は、目的に向かっての方法がまちがっているにもかかわらず、自分の行動を振り返らず、結果として目的を達成できないことになってしまうといえます。数学教育では、このようなメタ認知のはたらきを「推進力（driving force）」と呼び、数学的問題解決の成否に深く関与していると考えられてきました。メタ認知的知識の単なる注入には気をつけねばなりません。しかし、授業では、様々な問題に汎用的に使えるメタ認知的な知識を蓄積することを意識したメタ認知的支援を行っていくことが重要であるといえます。また、問題解決の過程を振り返り記述するなどの活動も、問題解決力の育成やメタ認知の育成につながるものであると考えています。

　次章では、掲載されている問題を授業で活用する場合の参考として、問題を学習課題とする授業実践例を掲載しています。数学の授業での活用や指導の工夫の参考にしていただきたいと考えています。

<引用・参考文献>
1) 齊藤浩志（1978）「学力問題と学力論の今日的課題」日本教育学会,『教育学研究』, 第45巻 第2号, p.11
2) 小寺隆幸, 清水美憲編著（2007）『世界をひらく数学的リテラシー』．明石書店
3) OECD編著, 国立教育政策研究所監訳（2010）『PISA調査の問題できるかな？ OECD生徒の学習到達度調査』明石書店
4) 中央教育審議会（2008）「幼稚園, 小学校, 中学校, 高等学校及び特別支援学校の学習指導要領等の改善について（答申）」
5) 表1は, 以下の文部科学省HPを参考に筆者が作成した。（最終アクセス日 2015/6/16）
http://www.mext.go.jp/a_menu/shotou/gakuryoku-chousa/sonota/1344324.htm
6) OECD（2010）『PISA2009年調査　評価の枠組み OECD生徒の学習到達度調査』明石書店
7) 武田政幸編著（2014）『小学校　算数「PISA型学力」に挑戦！　B問題対策と「学力向上」』日本教育研究センター, p.4
8) Rychen, D. S . Salganik, L. H ., 立田慶裕監訳（2006）『キー・コンピテンシー　－国際標準の学力をめざして』, 明石書店, p.196の図を基に筆者が作成。
9) 全国的な学力調査の実施方法等に関する専門家検討会議（2006）「全国的な学力調査の具体的な実施方法等について（報告）」
10) 中原忠男（2008）『算数科　PISA型学力の教材開発＆授業』明治図書, p.14
11) 国立教育政策研究所が公表している平成19年度から平成27年度までの全国学力・学習状況調査の解説資料, 調査問題, 報告書, 授業アイデア集も参考にしました。
12) 亀岡正睦（2009）『算数科 言語力・表現力を育てる「ふきだし法」の実践―算数的活動と思考過程記述のアイデア』明治図書, p.41
13) 乾東雄（2014）「大阪教育大学授業用テキスト『数学科教育法Ⅱ』」
14) 重松敬一（2013）『算数授業で「メタ認知」を育てる』日本文教出版
15) 田中耕治（2008）『新しい学力テストを読み解く－PISA/TIMSS/全国学力・学習状況調査/教育課程実施状況調査の分析とその課題』日本標準

5章　B問題例を使った学習指導案

1　日常的な事象を数学化すること　［4　しきつめ模様（p.48）］

1. 学習指導の趣旨

図形についての理解や認識を深めるには，次の着眼点が必要である。
- (a) 日常の図形的な模様を，数学を利用して探究すること
- (b) 観察，操作や実験などの活動を通して図形のもつ性質を理解すること
- (c) 直観的・論証的な見方・考え方ができること
- (d) 観察や実験の結果を論理的に表現できること

私たちの生活の中には基本的な図形を組み合わせてできたデザインが数多くあり，幾何学模様の美しさは生活に潤いを与えてくれる。例えば，正六角形で敷き詰められた歩道，台形のタイルを組み合わせた床などは，無地の平面よりも日常に変化を与え，「亀甲文様」のような日本の伝統的な模様は芸術的な作品としての価値がある。

図形の学習における基本図形への理解は，個々の図形についての学習だけでなく，図形相互の関係を知ったり，複数の図形を組み合わせて図形への理解を深めたりする機会が必要である。

また，図形の性質の探求には，実際の図形を手にした実験作業は大切であり，その過程での試行錯誤や観察は，図形に対する感覚と感性を養う条件として不可欠である。

しきつめ模様には，図形のいろいろな性質が隠されている。模様を観察し，その中にある図形の諸性質を導き，図形に対する統合的な理解を促し，図形に対する理解を深めたい。

さらに，幾何学模様の美しさを鑑賞したり，つくり出したりすることで，図形に対する感覚・感性を豊かにしていきたい。

2. 学習指導要領における領域・内容

［第1学年］B　図形
（1）観察，操作や実験などの活動を通して，見通しをもって作図したり図形の関係について調べたりして平面図形についての理解を深めるとともに，論理的に考察し表現する能力を培う。
　　イ　平行移動，対称移動及び回転移動について理解し，二つの図形の関係について調べること。

3. 評価の観点

数学的な見方・考え方
　観察力・鑑賞力，洞察力，判断力，表現力，論証力

4. 学習指導のスケッチ

（1）題　材：しきつめ模様（多角形のしきつめ）
（2）目　標：図形の移動，角，平行などを直観的かつ統合的に捉えることで，図形に関する視覚的な理解を深め，図形の学習への興味・関心と学習意欲がわくようにする。
（3）授業の素材：
　　　　合同な多角形

（4）授業の流れ：
① 「亀甲文様」の観察と基本になる図形の発表
　　図1の「亀甲文様」を基にした図2を掲示する。
　　　図1　　　　　　　　　　図2

　　図2を観察し，どのような図形でしきつめられているかを発表する。
＊合同な正六角形の厚紙6枚程度1組を準備する。生徒分と掲示用
　　正六角形の大きさは，生徒用プリント，掲示用，それぞれの正六角形と合同にする。
　　生徒用の方眼紙には「立体三角方眼紙」を利用。

② 「対辺が平行な六角形」のしきつめ
　　図1の布を斜め方向に引っ張った布（図3）の模様を提示する。
　　図4の六角形をしきつめた模様をつくる。

　　　図3　　　　　　　　　　　　図4

 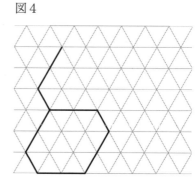

③　しきつめ模様の基本図形の予想
　　図4で完成したしきつめ模様の観察を通して，正三角形や長方形，正方形などの身近な平面図形について，しきつめることができる図形を予想する。
　　予想するだけでなく，各自のノートにかいて確かめる。

④ 四角形のしきつめ模様
　図5の四角形を基本にしたしきつめ模様を
つくる。

⑤ しきつめ模様の観察
　完成した図5を観察して，模様の基本となる
図形は，四角形以外にないかを検討する。
　四角形以外の基本の図形を，方眼紙にかく。
　＊図5の四角形と合同な四角形（厚紙）を
　　5枚程度準備。

⑥ しきつめ模様の性質の探究
　完成した図5の文様で，同じ向きの四角形を
色分けする。
　図形の移動や，4つの角の和などを直観的に
考察する。
　考察結果を発表し，内容について検討し合う。

⑦ 発展的取り組み
　[1] 右の図6の四角形を基にしたしきつめ模様
　　はつくれるか。
　[2] 正五角形を基にしたしきつめ模様はつくれ
　　るか。

図5

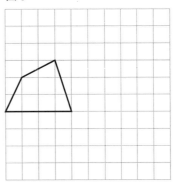

図6

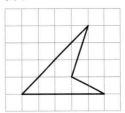

2 構想を立てて証明し，証明を振り返って考えること

［15 直角二等辺三角形を折る (p.80)］

1. 学習指導の趣旨
　図形の性質の証明においては，次の２つの着眼点が必要である。
　　（a）構想を立てて証明すること
　　（b）証明を振り返って考えること
　特に，（b）では，証明された事柄を用いて，結論を得るための仮定の条件を設定し，その仮定から正しい結論が導きだせるかどうかを試みようとする意欲が要求される。
　ところで，生徒諸君の前にある「数学」の学習では，数多くの制約があり，ゆとりをもって観察する機会や自由な発想で新しい事柄を発見する機会がほとんどないことが現状である。特に，論証の問題においては，仮定と結論が同時に与えられ「……のとき，……を証明せよ」という形式の問題が多く，生徒のもつ自由は，どのような方針で証明すればよいかという部分に限られてしまう。そのために，「何かを発見してやろう」という意欲を伴った観察力が弱くなり，現実の問題の解決にあたって，問題をどのような角度からみるとよいかを見極めることができにくくなっている。さらに，ある課題が解決された後に，別の発想をしたり，新しい課題を発見していこうとしたりとする意欲までも萎えさせる結果になっている。
　与えられた問題を解決するだけでなく，少し違う観点から眺め，素朴なことであっても，新しい発見ができる意欲と力を養いたい。

2. 学習指導要領における領域・内容
［第１学年］B　図形
（１）　観察，操作や実験などの活動を通して，見通しをもって作図したり図形の関係について調べたりして平面図形についての理解を深めるとともに，論理的に考察して表現する能力を培う。
　　　イ　平行移動，対称移動及び回転移動について理解し，二つの図形の関係について調べること。
［第２学年］B　図形
（２）　図形の合同について理解し図形についての見方を深めるとともに，図形の性質を三角形の合同条件などを基にして確かめ，論理的に考察して表現する能力を養う。
　　　ア　平面図形の合同の意味及び三角形の合同条件について理解すること。
　　　ウ　三角形の合同条件などを基にして三角形や平行四辺形の基本的な性質を論理的に確かめたり，図形の性質の証明を読んで新たな性質を見いだしたりすること。

3. 評価の観点
　数学的な見方や考え方
　　連続的な変化の見方と考え方
　　発展的・創造的な見方と考え方

4. 学習指導のスケッチ
（１）題　材：
　　　　多角形の中の数学（直角二等辺三角形を折る）

（2）目　標：
　　図形の性質の発見と説明・証明
　　　　問題が意識され解決に至るまでの過程を大切にし，生徒の多様な思考を保障し，成功する考え・失敗する考え，上手な考え・下手な考えと，いろいろ手を尽くすことで，探究の仕方
　　　　　　　観察⇒発見（推定）⇒証明（論証）⇒創造
　　を体験させる。

（3）授業の素材：
　　直角二等辺三角形の紙を，斜辺の中点を通る直線が折り目になるように折った図形

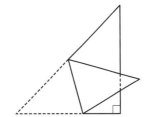

（4）授業の流れ：
「観察⇒発見（推定）⇒証明（論証）⇒創造」の探究の流れの紹介
① 具体的な活動と観察
　　AC＝BC，∠C＝90°である直角二等辺三角形の紙を，その斜辺 AB の中点 P を通り辺 BC と交わる線分を折り目として折り返した図を観察して，角の大きさや線分の長さについて気づいたことを記録する。

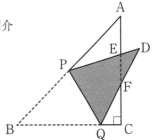

② 図形的性質の整理と発表
　　観察の結果，発見した図形的性質を発表する。
　（性質 a）　PA＝PB＝PD
　（性質 b）　QB＝QD
　（性質 c）　∠PAE＝∠PBQ＝∠PDQ＝45°
　（性質 d）　∠BPQ＝∠DPQ
　　　　　　折れ目の線分 PQ は ∠BPD の二等分線である。
　（性質 e）　∠BQP＝∠DQP
　　　　　　折れ目の線分 PQ は ∠BQD の二等分線である。
　（性質 f）　∠PDQ＝∠PAE
　（性質 g）　∠PEA＝∠DEF
　（性質 h）　∠DFE＝∠CFQ
　（性質 i）　∠QCF＝90°
　（性質 j）　$\angle DPQ = 90° - \frac{1}{2}\angle APE$
　　　　　　⋮

③ 予想した性質の説明・証明（その１）
　　（性質 a）から（性質 i）までは，口頭で，それぞれの根拠を述べて説明し，正しいことを確認する。
　　「論証」の負担を軽くするために，口頭での説明には，頂点に A，B，C，……の記号を打っていない図を用いる。

説明例：
　（性質 c ）　線分 PQ を折り目として折り返したので，
　　　　　　　∠PBQ は ∠PDQ に重なる。
　　　　　ところで，直角二等辺三角形の底角の性質から，
　　　　　　　∠PBQ＝45°
　　　　　したがって，∠PDQ＝∠PBQ＝45°

④　予想した性質の説明・証明（その２）
　　（性質 j ）については，ノートに条件を満たす図をかいて，次の手順で考察する。
　　　[1]　∠APE＝30°など，∠APE の具体的な値に対する ∠PDQ の値を求めて，（予想 j ）
　　　　　がいつも成り立ちそうであることを確認する。
　　　[2]　文字を用いて説明・証明する。
　　　　（性質 j ）を次のように整理する。
　　　　　　　∠APE＝x°，∠DPQ＝y° とすると，　$y = 90 - \dfrac{x}{2}$

説明例：
　　線分 PQ で折り返したので，
　　　　∠DPQ＝∠BPQ　……①
　　ところで，点 P は辺 AB 上の点だから，
　　　∠APE＋∠DPQ＋∠BPQ＝180°……②
　　①と②から，
　　　　∠APE＋2∠DPQ＝180°
　　ここで，∠APE＝x°，∠DPQ＝y° すると，
　　　　　　$x + 2y = 180$
　　　　　　　　$2y = 180 - x$
　　よって，$y = 90 - \dfrac{x}{2}$

⑤　新しい探究
　　④で証明したことを利用して，条件
　　　　「△APE≡△DPQ」
　　を満たすような折り方を探り，その折り方が正しいこと
　　を証明する。

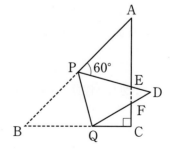

探究例：
(折り返し方)
　　∠APD=60°となるように折る。
(証明)
△APEと△DPQにおいて，
点Pは辺ABの中点で，線分PQで折り返したから，
　　　AP=DP　……①
　　∠PAE＝∠PDQ=45°……②
∠APE=60°だから，
　　∠DPQ=90°$-\frac{1}{2}×60°=60°$
したがって，
　　∠APE=∠DPQ=60°……③
①，②，③より，1組の辺とその両端の角がそれぞれ等しいから，
　　　△APE≡△DPQ

3 反例をあげて説明し，発展的に考えること

[18 2つおきに並ぶ3つの整数の和 (p.90)]

1. 学習指導の趣旨

具体的な事柄を基に，その事柄がいつでも成り立つかどうかを予想するとき，次の3つの視点が必要である。

(a) 予想した事柄を振り返って検討すること（反例はないか。）
(b) 予想を修正して，その予想が成り立つことを証明すること
(c) 発展的に考え，成り立つ事柄を説明すること

ところで，学習意欲には，素朴な好奇心が不可欠である。そして，知的好奇心には，素朴な感性が必要である。一人ひとりにとって，好奇心を誘う対象は異なり，感じる時期も違う。例えば，自然数1，2，3，……の並びを前にして，ただ漠然と眺めているだけでなく，並んでいる自然数からの語りかけを感じとることができる人，できない人と様々である。

今日のような科学技術の進歩発展が著しい時代においては，『もの』からの語りかけを感じる素朴な力を培い，物事の真理を見抜く力を養っていくことがより重要となる。

ここでは，数学の学習の中で最も身近にある整数について，その性質を探り，予想・推測する力と思考力・表現力を養いたい。

2. 学習指導要領における領域・内容

[第2学年] A 数と式

(1) 具体的な事象の中に数量の関係を見いだし，それを文字を用いた式に表現したり式の意味を読み取ったりする能力を養うとともに，文字を用いた式の四則計算ができるようにする。
 ア 簡単な整式の加法，減法および単項式の乗法，除法の計算をすること。
 イ 文字を用いた式で数量及び数量の関係を捉え説明できることを理解すること。
 ウ 目的に応じて，簡単な式を変形すること。

3. 評価の観点

数学的な見方や考え方
 帰納的な見方・考え方
 類推的な考え方
 発見的・創造的な考え方

4. 学習指導のスケッチ

(1) 題 材：
  連続する整数の和
(2) 目 標：
  性質の発見と説明・証明
(3) 授業の素材：
  2つおきに並ぶ3つの整数の和（n個おきに並ぶm個の整数の和）

（4） 授業の流れ：
① 既知の知識の振り返りと表現の定義
　「連続する3つの偶数」，「連続する3つの奇数」は，数直線上に1つおきに並んでいることを確認し，それぞれ，次のように表現できることを知る。
　　「1つおきに並ぶ3つの偶数」
　　「1つおきに並ぶ3つの奇数」
　これらの3つの整数の組は，両方とも「1つおきに並ぶ3つの整数」である。

② 式の観察と予想の検討
　次の例を基に，3つの整数の和はどのような性質を持つ整数かを予想する。

　　┌─────────────────────────────────┐
　　│ 2つおきに並ぶ3つの整数の和　　　　　　　　　│
　　│ ・3，6，9のとき，　　3+6+9＝□　　　　　　│
　　│ ・5，8，11のとき，　5+8+11＝□　　　　　　│
　　│ ・9，12，15のとき，　9+12+15＝□　　　　　│
　　└─────────────────────────────────┘

③ 予想とその根拠の説明
（予想1）
　　・3，6，9のとき，　　3+6+9＝18＝3×6
　　・5，8，11のとき，　5+8+11＝24＝3×8
　　・9，12，15のとき，　9+12+15＝36＝3×12
　したがって，「2つおきに並ぶ3つの整数の和は3の倍数になる。」
（予想2）
　　・3，6，9のとき，　　3+6+9＝18＝6×3
　　・5，8，11のとき，　5+8+11＝24＝6×4
　　・9，12，15のとき，　9+12+15＝36＝6×6
　したがって，「2つおきに並ぶ3つの整数の和は6の倍数になる。」

④ 予想がいつでも成り立つかどうかの検討
　（予想2）が正しくないことを，反例をあげて説明する。
　反例には次のようなものがある。
　　（例1）4，7，10のとき，4+7+10＝21＝3×7
　　（例2）6，9，12のとき，6+9+12＝27＝3×9

　（予想1）は「いつでも成り立つようである」ことへの確信を深める。

⑤ いつでも成り立ちそうな予想を証明する。
　（予想1）がいつも成り立つことを，文字を用いて説明・証明する。

⑥ 証明の発表
証明を発表する。
(説明・証明例)
(例1) を整数とすると，2つおきに並ぶ3つの整数は，
$$n, \quad n+3, \quad n+6$$
と表される。
したがって，それらの和は，
$$n+(n+3)+(n+6)=3n+9$$
$$=3(n+3)$$
$n+3$ は整数だから，$3(n+3)$ は3の倍数である。
よって，2つおきに並んだ3つの整数の和は3の倍数である。

(例2) 3つのうち，中央の整数を n とすると，2つおきに並ぶ3つの整数は，
$$n-3, \quad n, \quad n+3$$
と表される。
したがって，それらの和は，
$$(n-3)+n+(n+3)=3n$$
n は整数だから，$3n$ は3の倍数である。
よって，2つおきに並んだ3つの整数の和は3の倍数である。

⑦ 新しい探究
［探究例1］
⑥の証明の振り返りから分かる事柄を発表する。
式「$3(n+3)$」，「$3n$」から，次のことが読み取れる。
・和は中央の整数の3倍である。
・中央の整数が偶数のとき，和は6の倍数になる。

［探究例2］
3つおきに並ぶ4つの整数の和がどんな整数になるかを調べ，予想する。
予想したことを証明する。
さらに，次のような場合についても探究する。
・n 個おきに並ぶ $(n+1)$ 個の整数の和
・n 個おきに並ぶ m 個の整数の和

4 問題解決の構想と結果のふり返り　　［25 鉛筆立てをつくる (p.114)］

1. 学習指導の趣旨
空間図形についての理解や認識を深めるには，次の着眼点が必要である。
- (a) 直観的な取り扱いと操作的な活動をすること
- (b) 立体を投影図や展開図へ表現すること
- (c) 展開図からもとの立体を復元したり，投影図からもとの立体の構造を把握したりすること
- (d) 論理的な考察ができること
- (e) 証明を振り返って評価し，その評価に基づいて証明を改善すること

私たちの生活空間にある建物，家具，乗り物など，生活を支えている建造物の考察には，模型を基にした工学的な考察も行われるが，設計図や見取図を基にした平面上での数学的な考察が行われることが多い。例えば，建物の建築では，設計図や見取図など，実物を平面上に表現した図から，壁や床（平面と平面），柱と梁（直線と直線），壁と梁（平面と直線）などの空間における位置関係を思い浮かべながら，その建物の構造についての考察が行われる。

空間図形を平面上に表現する力や，平面上の図に表された空間図形の実際の様子などを捉える力は，専門的な分野だけに必要なものではない。私たちが空間に生活している限り，空間やその中の図形について正しく理解することや，的確な判断をすることは必要なことである。直観力や洞察力を伴った空間に対する認識を高めていく必要がある。

2. 学習指導要領における領域・内容
［第1学年］B　図形
（2）観察，操作や実験などの活動を通して，空間図形についての理解を深めるとともに，図形の計量についての能力を伸ばす。
　ア　空間における直線や平面の位置関係を知ること。
　イ　空間図形を直線や平面図形の運動によって構成されるものと捉えたり，空間図形を平面上に表現して平面上の表現から空間図形の性質を読み取ったりすること。

［第2学年］B　図形
（2）図形の合同について理解し図形についての見方を深めるとともに，図形の性質を三角形の合同条件などを基にして確かめ，論理的に考察し表現する能力を養う。
　ウ　三角形の合同条件などを基にして三角形や平行四辺形の基本的な性質を論理的に確かめたり，図形の性質の証明を読んで新たな性質を見いだしたりすること。

3. 評価の観点
数学的な見方・考え方
　観察力，洞察力，判断力，表現力

4. 学習指導のスケッチ
（1）題　材：
　　　正四角柱の切断

（2） 目　標：
　　　　空間図形の性質の利用
　　　　既存の立体の構成について考察することによって，与えられた
　　　条件を満たす立体を，新たにつくることができるようにする。
（3） 授業の素材：
　　　　鉛筆立てをつくる

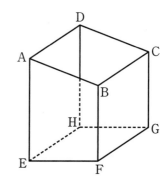

（4） 授業の流れ：
　① 立体の構成についての条件の測定
　　　右の写真の鉛筆立てについて，辺の長さや角の大きさなどを調べ，
　　整理する。
　　　例えば：下のような見取図をかいて，鉛筆立ての構造をつかむ
　　　　　　　ために必要な辺の長さや角の大きさを測る。

　　　　　AE=12cm，BF=9cm
　　　　　CG=11cm，DH=14cm
　　　　　EF=FG=GH=HE=8cm
　　　　　∠AEF=∠BFE=90°
　　　　　∠BFG=∠CGF=90°
　　　　　∠CGH=∠DHG=90°
　　　　　∠DHE=∠AEH=90°
　　　　　∠EFG=90°

　② 鉛筆立ての構造の考察
　　　①で整理された条件を基に，
　　・辺の位置関係を調べる。
　　　　平行な辺，ねじれに位置にある辺など
　　・底面（四角形）の形状を考察する。
　　　＊四角形EFGHは，すべての辺の長さ
　　　　が8cmだから，ひし形である。
　　　　そのひし形の1つの角が直角だから，
　　　　正方形である。

　③ 展開図への表現
　　　①で整理したことを基に，写真の鉛
　　筆立ての展開図をかく。
　　　方眼紙を用いる。

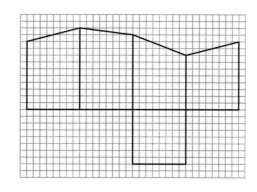

　④ 開口部の形状を考察
　　　立体の開口部が，角柱（正四角柱）を平面で切断したものであるかどうかを考察する。

［考察例１］　平行移動を基にした説明（見取図を基に）
　　側面の台形 AEFB を，底面 EFGH に沿って，点 E から点 H の方向に 8cm 平行移動すると，側面 DHGC に重ねることができる。
　　また，底面を基準して，点 A の高さ（12cm）と点 B の高さ（9cm）の違い（3cm）と，点 D の高さ（14cm）と点 C の高さ（11cm）の違い（3cm）が同じだから，
　　　　AB∥DC，AB＝DC
　　したがって，四角形 ABCD は，2 組の向かい合う辺が平行な四角形で，平行四辺形である。

［考察例２］　展開図を基にした説明
　　辺 AB，辺 DC，それぞれの底面 EFGH に対する傾きを，見取図上の方眼紙の目盛を基にして調べる。

　　辺 BA の傾きは，点 B から点 A の方向を基準にすると，$\frac{2}{8}$ である。

　　辺 CD の傾きは，点 C から点 D の方向を基準にすると，$\frac{2}{8}$ である。

　　したがって，AB∥DC……①である。

　　同様にして，辺 AD，辺 BC の傾きはともに $\frac{3}{8}$ だから，AD∥BC……②である。

　　よって，①，②より，2 組の向かい合う辺が平行だから，開口部 ABCD は平行四辺形である。

⑤　新しい鉛筆立ての設計と製作
　　開口部がひし形である鉛筆立ての展開図をかき，条件にあう立体をつくる。
　　方眼紙を利用。
　　例えば，次の条件を満たす鉛筆立てをつくる。

> ・底面 EFGH は 1 辺の長さが 7cm であること。
> ・開口部 ABCD はひし形であること。
> ・最も高い辺 DH は 12cm，最も低い辺 BF は 8cm であること

　　展開図は，右の図のようになる。

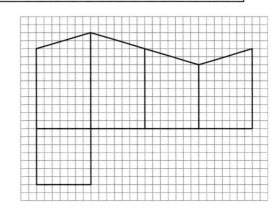

⑧　新たな自主課題の考察
　　できあがった鉛筆立ての体積（容積）など，興味・関心がある新たな課題について考察する。

第2部　問題編

問題編の授業における利用に限り複写を許可します。

問題編目次　　－本書の問題と過去のB問題の分類－

ページ		問題名	学習テーマ	分類 (p.15参照)			
40	1	長距離走大会	グラフを読み取ろう	α1	日常的な事象等を数学化すること	α1	
42	2	ばらばらの新聞紙	ページの並びのきまりを見つけよう				
44	3	日時計をつくる	時刻を影でつかもう				
48	4	しきつめ模様	合同な図形でしきつめよう				
52	5	通学	グラフを読み取ろう	α2	情報を活用すること	α2	
54	6	地球温暖化	グラフを比べて調べよう				
56	7	浮かぶ木片	水の増え方を調べよう				
60	8	絵画展覧会	条件を読み取ろう				
62	9	ハノイの塔	ゲームのしくみを見つけよう				
66	10	カレンダー	数の並びの決まりを見つけよう	α3	数学的に解釈することや表現すること	α3	
70	11	皿の破片	作図を活用しよう				
72	12	球と立方体の体積	体積の関係を調べよう				
76	13	学校へ向かう妹と姉	グラフを読み取ろう				
78	14	うちわの印刷	グラフを活用しよう				
80	15	直角二等辺三角形を折る	変化する数量を見つけよう				
84	16	はじめて使う単位	単位の関係をつかもう				
86	17	連立方程式の解き方	説明をふり返って考えよう	β1	問題解決のための構想を立て実践すること	β1	
90	18	2つおきに並ぶ3つの整数の和	反例をあげて説明しよう	β2	結果を評価し改善すること	β2	
94	19	5の倍数の和	仮定の条件を変えてみよう				
96	20	偶数どうしの積	説明をふり返って考えよう				
100	21	対角線への垂線	証明を見直そう				
104	22	角の二等分線	条件を変えて調べよう				
108	23	正方形と対角線の垂線	証明をふり返ろう				
110	24	立方体の切り口	証明を見直そう				
114	25	鉛筆立てをつくる	問題解決の計画を立てよう				
				γ1	他の事象との関係を捉えること	γ1	
				γ2	複数の事象を統合すること	γ2	
118	26	薬師算	和算の考え方を知ろう	γ3	事象を多面的に見ること	γ3	

過去のB問題の分類								
平成19年度	平成20年度	平成21年度	平成22年度	平成23年度	平成24年度	平成25年度	平成26年度	平成27年度
(H19-5)	H20-5 富士山の気温 (H20-1) (H20-5)	(H21-1) (H21-3)	H22-5 机と道具箱	(H23-1)		(H25-3)	H26-3 ウェーブ	
H19-1 セットメニュー (H19-5) (H19-6)	(H20-1) (H20-5)	H21-5 賞品当て ゲーム	(H22-1)	H23-3 タレスの方法 H23-5 甲子園大会	H24-3 スキージャンプ	H25-5 黄金比 (H25-1) (H25-3)		H27-5 落とし物 調査
H19-5 水温の変化 H19-6 図書館への 往復 (H19-1)	H20-1 身長の推定	H21-1 紋切り遊び H21-3 電球形 蛍光灯のよさ	H22-3 Tシャツの プリント料金 H22-6 厚紙と封筒 (H22-1) (H22-5)	H23-1 ペットボトルの キャップ (H23-5)	H24-1 ISSと ひまわり7号 H24-5 塵劫記 H24-6 正多角形の 外角	H25-1 ウォーキング (H25-3)	H26-1 文化祭の準備 H26-5 スティック ゲーム H25-6 駅への 向かい方	H27-1 プロジェクター H27-3 ポップアップ カード H27-6 円錐の大きさ
H19-3 サッカー大会	H20-4 重なりのある 2つの三角形	H21-4 中点で交わる 2つの線分 (H21-5)	H22-1 エクササイズ			H25-4 平行四辺形の 対角線	H26-2 偶数の四則計算	
H19-2 連続する 自然数の和 H19-4 垂直二等分線 の性質の証明	H20-2 位を入れかえた 数	H21-2 3段目の数	H22-2 連続する 奇数の和 H22-4 二等辺三角形	H23-2 連続する 自然数の和 H23-4 角の二等分線 (H23-3)	H24-2 連続する 自然数の和	H25-2 位を入れかえた 数	H26-4 2つの 二等辺三角形	H27-2 連続する 整数の和 H27-4 正方形から 平行四辺形
						H25-3 水温の変化と 気温の変化		
	H20-3 ベニヤ板と釘				H24-4 作図と図形の 対称性			
						H25-6 碁石の総数		

注）上記の分類は本書独自のものです。かっこ書きは関連する分類を示します。

1 長距離走大会
グラフを読み取ろう

1 あおいさんは秋に行われる30kmの長距離走大会に出場することにしました。そこで、大会のホームページを調べてみると、走行コースの高低が分かる下のグラフを見つけました。

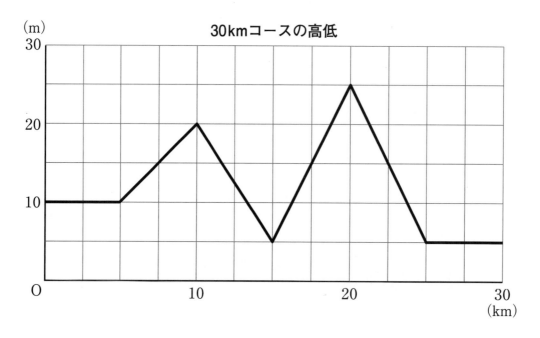

次の（1）から（3）までの各問いに答えなさい。

（1）あおいさんは練習のときには、1kmを7分30秒で走ることができます。コースの状況に関係なくいつもこの速さで30kmのコースを走ると、何時間何分でゴールすることになりますか。

答

（2）30kmコースの高低のグラフによれば，コース中に登り坂は何kmありますか。下のアからオまでの中から正しいものを1つ選びなさい。

　　ア　5km

　　イ　10km

　　ウ　15km

　　エ　20km

　　オ　25km

　　　　　　　　　　　　　　　　　　　　　　　　　　　答　□

（3）30kmコースの高低のグラフによれば，長距離走大会のスタート地点とゴール地点は同じ場所ですか，それとも異なる場所ですか。下のアからウまでの中から正しいものを1つ選びなさい。また，そのことがらを選んだ理由を説明しなさい。

　　ア　スタート地点とゴール地点は同じ場所である。

　　イ　スタート地点とゴール地点は異なる場所である。

　　ウ　このグラフからは判断できない。

　　　　　　　　　　　　　　　　　　　　　　　　　　　答　□

　説明

2　ばらばらの新聞紙
ページの並びのきまりを見つけよう

1　美羽さんは毎日，家に配達される新聞が何ページあるかを調べています。ところが，昨日の新聞が見つかりません。探し回ったところ，美羽さんの兄の和也さんが昨日の新聞を1枚ずつばらばらにして窓ふきに使ってしまったことが分かりました。

　和也さんは，「ごめん，ごめん。でも，かろうじてこの2枚だけは残っていたよ。これで，全体のページ数が分かるはずだよ」と，美羽さんに下のようなページ数の書かれた2枚の新聞紙を渡しました。

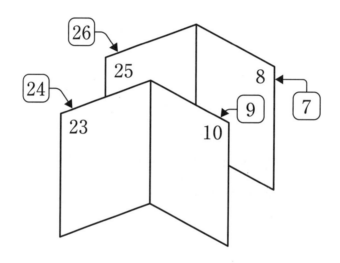

※8ページの裏が7ページ，10ページの裏が9ページ，
　23ページの裏が24ページ，25ページの裏が26ページです。

次の（1）から（3）までの各問いに答えなさい。

（1）昨日の新聞の全体のページ数を求めなさい。

(2) 昨日の新聞を1枚ずつばらばらにしたとき，右側のページのページ数をa，左側のページのページ数をbとします。このときのaとbの間にある関係について，下のアからエまでの中から正しいものを1つ選びなさい。

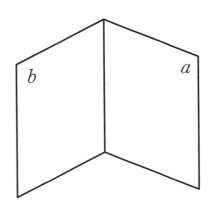

ア　aはbの関数であり，aはbに比例する。

イ　aはbの関数であり，aはbに反比例する。

ウ　bはaの関数であるが，比例でも反比例でもない。

エ　bはaの関数ではない。

答 ☐

(3) 和也さんは，3年前の日付の新聞紙を1枚見つけました。その新聞紙の右側は28ページ，左側は13ページでした。この新聞の全体のページ数を求めなさい。

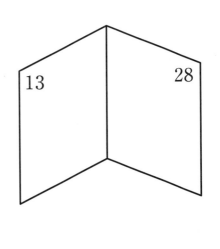

答 ☐ ページ

3 日時計をつくる
時刻を影でつかもう

1 光さんは、修学旅行で沖縄県へ行き、世界遺産にもなっている首里城を見学しました。

右の写真は、首里城にある日時計（「日影台」）の写真です。この日時計は、江戸時代に設置され、水時計（漏刻）の不完全さを補うために使われたと伝えられています。

光さんは、修学旅行から帰ってきて、この日時計と同じ仕組みの日時計をつくろうと思い、本やインターネットなどで日時計に関係したことを調べました。そして、次のようにまとめ、つくる日時計の設計図をかきました。

光さんのメモ［1］

○日時計について
① この日時計は、コマ型日時計といわれる方式の日時計である。
② 図1のように、時刻盤と呼ばれる円盤がある。
③ ノーモン（中央の棒）は、時刻盤の中心を通り、時刻盤に垂直になっている。
④ ノーモンは、北の方向を向いている。
⑤ 図2のように、日時計の台とノーモンの角度（∠OBC）は、日時計を設置する場所の緯度にするとよい。

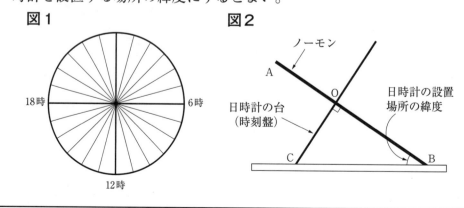

光さんの設計図

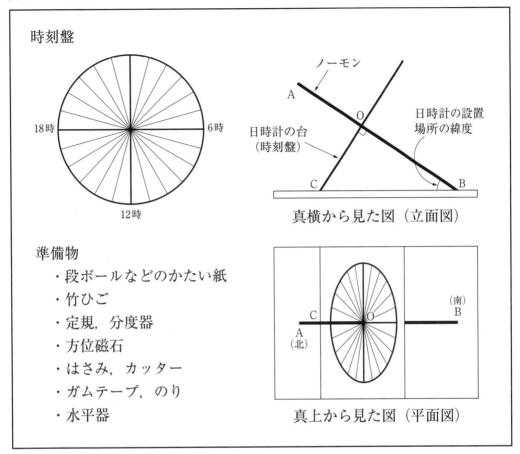

次の（1）から（3）までの各問いに答えなさい。

(1) **光さんの設計図**では，時刻盤の目盛りの中心角は，等間隔になっています。
1目盛の中心角（∠DOE）の大きさを求めなさい。

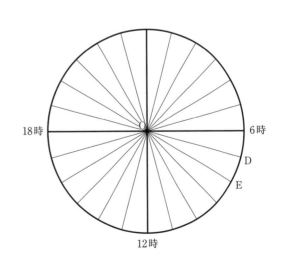

答 　　　　　度

（2）時刻盤の中心にノーモンをつけるとき，下のアからウまでのどの関係を利用しますか。利用できるものを1つ選びなさい。

正四面体
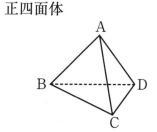

ア　正四面体の辺ADと面BCDの位置関係

イ　立方体の辺AEと面EFGHの位置関係

ウ　立方体の対角線AGと面EFGHの位置関係

立方体
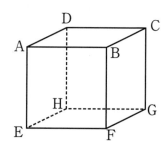

答　☐

（3）さらに，光さんは，太陽と地球の動きを調べ，春分の日と秋分の日の太陽の方向，地球の動きと日時計の関係を，次のようにまとめました。

光さんのメモ[2]

○太陽の方向，地球の動きと日時計について
① 地球は北極と南極を結ぶ直線（地軸）を軸に，1日に1回転している。
② 太陽が真南を通るときの時刻がその地点での正午である。
③ 日時計のノーモンは地軸と平行である。
④ 正午の太陽の方向と水平面の角の大きさを，太陽の南中高度という。
⑤ 地球は太陽の光を平行に受けている。
⑥ 春分の日と秋分の日の太陽は，地軸に垂直な方向にある。

光さんのメモ［3］

地球と日時計，太陽の関係

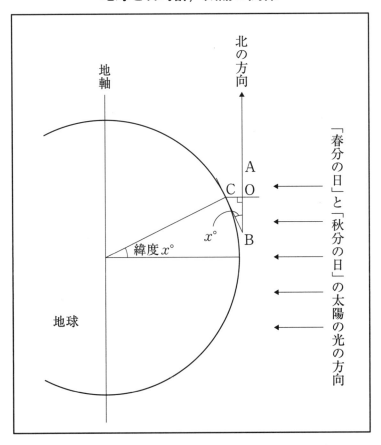

春分の日と秋分の日の太陽の南中高度は∠OCBになり，緯度を使って表すことができます。この地点の緯度を$x°$とすると，春分の日と秋分の日の太陽の南中高度は，下のアからエまでのどの式で表されますか。正しいものを1つ選びなさい。

ア　$90-x$

イ　$180-x$

ウ　$x-90$

エ　$x-180$

答

4 しきつめ模様
合同な図形でしきつめよう

1　智さんは，歌舞伎の衣装に，図1のような模様があることを知りました。この模様は，亀の甲羅の形に似ていることから「亀甲文様」とよばれ，幸福を招くとされる日本の伝統的な文様の1つです。「亀甲文様」は，合同な正六角形を基本としてしきつめたデザインになっています。

智さんは，「亀甲文様」の布片を斜め方向に引っ張り，図2のような状態にしました。図2の布片は，「対辺が平行な六角形」でしきつめられています。

図1　　図2

智さんと美咲さんは，図形のしきつめを活用した模様を調べています。

智さんは，図1の模様を，図3のような正三角形をもとにした特別な方眼紙を利用して，その方眼紙を正六角形でしきつめた模様をつくりました。

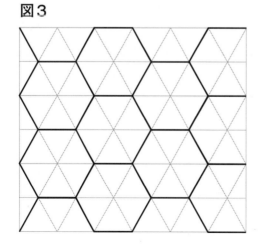

図3

次の（1）から（5）までの各問いに答えなさい。

（1）美咲さんは，智さんの使った方眼紙を利用して，図4のように「対辺が平行な六角形」をしきつめた模様をかき始めました。
　　美咲さんのかき始めた模様を完成しなさい。

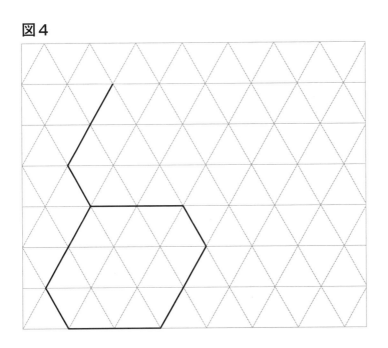

図4

（2）合同な1種類の形の図形で，**しきつめた模様がつくれそうにない**と予想される図形を，下の**ア**から**コ**までの中からすべて選びなさい。

　　ア　正三角形　　　　イ　二等辺三角形

　　ウ　正方形　　　　　エ　長方形

　　オ　ひし形　　　　　カ　平行四辺形

　　キ　台形　　　　　　ク　正五角形

　　ケ　正六角形　　　　コ　正八角形

答　□

（3）美咲さんは，智さんから，次のような「四角形」でしきつめた模様がつくれることを聞きました。この四角形でしきつめた模様を完成しなさい。

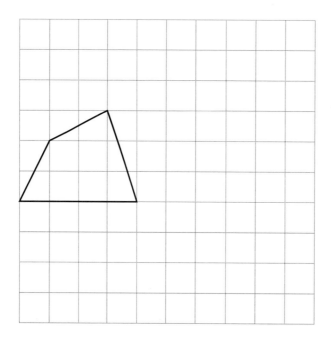

（4）（3）で完成した模様は，六角形を基本にしたしきつめの模様にもなっています。基本になっている六角形を2種類かきなさい。

六角形1

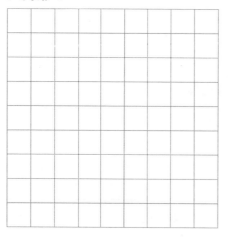

六角形2

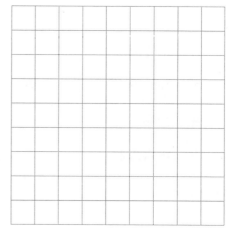

（5）美咲さんは，一般（いっぱん）の四角形をしきつめた模様について，図形の移動をもとに考察しました。模様の中の基本になる四角形について，どのようなことがいえますか。下のアからオまでの中からすべて選びなさい。

　　ア　どの頂点にも，四角形の4種類の角が集まっている。

　　イ　合同な図形の対応する辺は，すべて平行である。

　　ウ　頂点を共有し，辺を共有しない2つの四角形は，平行移動した位置にある。

　　エ　辺を共有する2つの四角形は，180°回転移動した位置にある。

　　オ　辺を共有する2つの四角形は，その辺を軸に対称移動した位置にある。

答

5 通学

グラフを読み取ろう

1 奏太さんのグループでは、グループ5人の通学にかかる時間がずいぶん違うことから、1年生のみんなが通学にどれぐらい時間がかかっているのかを調べようと思いました。

そこで、1年生60人にアンケートをして通学にかかる時間について調べました。

下のヒストグラムは、その結果をまとめたものです。

このヒストグラムからは、通学にかかる時間が35分以上40分未満の人は、1人であることが分かります。

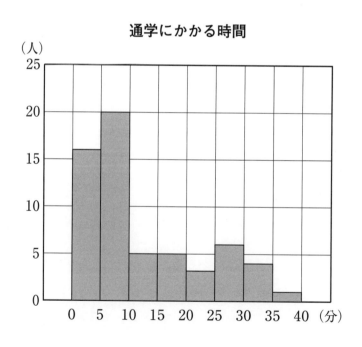

通学にかかる時間

次の(1),(2)の各問いに答えなさい。

（1）前ページのヒストグラムから，この中学校の1年生の通学にかかる時間が30分以上の人は何人いるといえますか。

答 [　　　] 人

（2）アンケートの結果から，通学にかかる時間の平均値は12.3分でした。
奏太さんのグループの真由さんは，このことから次のような考えを発表しました。

> 「わたしの通学にかかる時間は11分で，平均値よりも短いから，通学にかかる時間が短い方から数えると30番以内だといえると思うのだけど。どうかしら」

真由さんの「30番以内」という考えは正しいといえますか。下のア，イの中から正しいものを1つ選びなさい。また，そのことを選んだ理由を説明しなさい。

ア　正しい。

イ　正しくない。

答 [　　　]

説明

6 地球温暖化

グラフを比べて調べよう

1. 海斗さんは，新聞で地球温暖化についての記事を読みました。その記事には，「温暖化によって世界中の氷河が縮小し続けており，特に世界の氷河の1割を占めるグリーンランドで融解が加速している」ことが書かれていました。

海斗さんは，東京の気温を調べるために，図書館で資料を探し，手に入れることができた1997年8月と2007年8月の東京の最高気温の資料について整理しました。下の2つのヒストグラムは，それをまとめたものです。

このヒストグラムから，1997年8月には，最高気温が22℃以上24℃未満の日は1日しかなかったことや，2007年8月には22℃以上24℃未満の日は1日もなかったことが分かります。

（融解：固体が液体に変化すること）

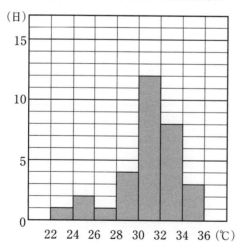
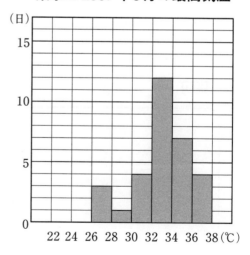

次の(1)，(2)の各問いに答えなさい。

（1）1日の最高気温が25℃以上の日を「夏日」，30℃以上の日を「真夏日」，35℃以上の日を「猛暑日」といいます。前ページの2つのヒストグラムから，1997年8月には最高気温が30℃未満の日が，8日であったことが分かります。2007年8月には，最高気温が30℃未満であった日は，何日ありましたか。

答 [　　　] 日

（2）海斗さんは，この2つのヒストグラムを比較して，東京の1997年8月と2007年8月の気温について，どんなことが分かるかを考えてみました。

2つのヒストグラムを比較して，そこから分かる特徴をもとに東京の気温について，下のア，イのどちらの判断が正しいといえますか。正しい方を1つ選びなさい。また，そのことがらを選んだ理由を，2つのヒストグラムの特徴を比較して説明しなさい。

ア　1997年8月より2007年8月の方が暑かったといえる。

イ　2007年8月より1997年8月の方が暑かったといえる。

答 [　　　]

説明

7 浮かぶ木片
水の増え方を調べよう

1　めぐみさんは，図1のように，1辺が10cmの立方体の容器に，針金をまっすぐに立て，それに1辺が5cmの立方体の木片を通しました。
　木片は，なめらかに上下させることができます。

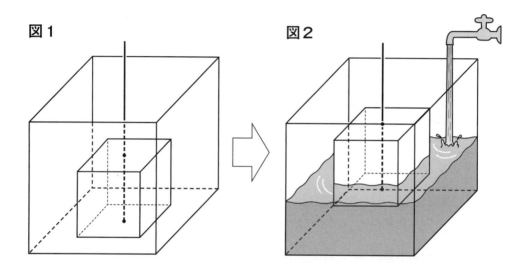

　今，この空の容器に一定の割合で水を入れ始めると，図2のように，しばらくして木片が静かに水に浮きました。その後も水を入れ続け，満水になったところで止めました。
　めぐみさんの観察メモには，次のように書かれていますが，一部がかくれています。

観察メモ

水を入れ始めて	水の深さ	木片
3秒後	1 cm	水に浮いていない。
17秒後	5 cm	

次の（1）から（5）までの各問いに答えなさい。

（1）この実験について，時間と水の深さの関係をグラフに表しました。そのグラフが下のアからカまでの中にあります。正しいものを1つ選びなさい。

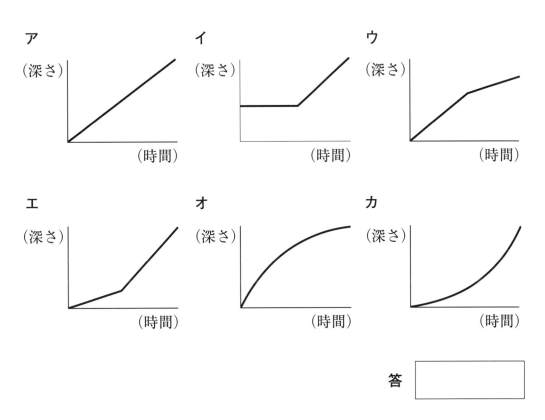

答 ☐

（2）さくらさんは，めぐみさんの観察メモを見て，かくれている部分には「水に浮いている。」と書かれていたと判断しました。その理由を説明しなさい。

説明

(3) 次に，さくらさんは，1秒あたり何cm³の割合で水を入れているのかを求めることにしました。そのために必要でない情報は，何ですか。下のアからキまでの中からすべて選びなさい。

　　ア　立方体の容器の1辺の長さは，10cmである。

　　イ　空の容器に水を入れ始めは，0秒である。

　　ウ　一定の割合で水を入れている。

　　エ　水を入れ始めてから3秒後の水の深さは，1cmである。

　　オ　水を入れ始めてから17秒後の水の深さは，5cmである。

　　カ　1辺5cmの立方体の木片を入れている。

　　キ　満水になったところで水を止めた。

答　□

(4) 水は，1秒あたり何cm³の割合で入っていますか。式や考え方も書きなさい。

1秒あたり　　　　cm³

(5) 木片が水に浮いた後の水の深さは，1秒あたり何cmの割合で増えますか。式や考え方も書きなさい。

| 1秒あたり　　　　　cm |

8 絵画展覧会
条件を読み取ろう

1　芽生さんと健太さんは，「子ども絵画展覧会」の会場にやって来ました。会場の入り口には，次のように書かれた案内板がありました。

> ・14歳以下の人ならば，入場できます
> ・14歳を超える人は，受付におこしください。

芽生さんは14歳，健太さんは先日15歳になったばかりです。
次の（1），（2）の各問いに答えなさい。

（1）この案内文によれば，芽生さんは「子ども絵画展覧会」の会場に入場してもよいと判断できますか。下のアからエまでの中から正しいものを1つ選びなさい。

　　ア　芽生さんは14歳以下なので，入場してもよい。

　　イ　芽生さんは14歳以下ではないので，入場してはいけない。

　　ウ　芽生さんは，健太さんといっしょにいるから，入場できない。

　　エ　芽生さんが入場できるかできないかは，この案内だけでは決められない。

答

（2）この案内文によれば，健太さんは「子ども絵画展覧会」の会場に入場してもよいと判断できますか。下のアからエまでの中から正しいものを1つ選びなさい。

　　ア　健太さんは14歳以下なので，入場してもよい。

　　イ　健太さんは14歳以下ではないので，入場してはいけない。

　　ウ　健太さんは，芽生さんといっしょにいるから，入場してもよい。

　　エ　健太さんが入場できるかできないかは，この案内だけでは決められない。

答

2　「子ども絵画展覧会」の数日後，芽生さんと健太さんは，中学校の数学の授業で「逆」について次のように学習しました。そして，【宿題】でアからウのことがらの逆について考えています。

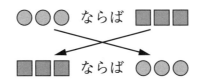

　あることがらの仮定と結論が入れかわっていることがらがあるとき，一方を他方の「逆」という。
　あることがらが正しくても，その逆は正しいとはかぎらない。

【宿題】次のことがらの逆を考えましょう。

　ア　a が6の倍数ならば，a は3の倍数である。

　イ　2つの角が等しい三角形は，二等辺三角形である。

　ウ　対角線が垂直に交わる四角形は，ひし形である。

次の（1），（2）の各問いに答えなさい。
（1）上のアのことがらの逆を書きなさい。また，逆が正しくない例（反例）を1つ示しなさい。

（1）　アのことがらの逆

　　　　逆が正しくない例　＿＿＿＿＿＿＿＿＿＿

（2）上のアからウまでのことがらの中から，もとのことがらが正しく，また，逆も正しいものを1つ選びなさい。

答　□

9 ハノイの塔

ゲームのしくみを見つけよう

1 友だち3人で,「ハノイの塔」というゲームをします。このゲームの説明書を見ると，次のように書かれていました。

説明書：図のように，3本の棒が立っており，左端の棒Aには，大きさの違う数枚（図では5枚）の円盤で塔がつくられています。下のルールを守って，この塔を右端の棒Cに移動させましょう。
（ルール1）円盤は，1枚ずつ移動させる。
（ルール2）移動させる円盤は，それより大きい円盤の上に移動させる。

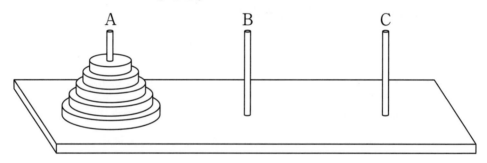

次の(1)から(5)までの各問いに答えなさい。

(1) まず，太一さんが，円盤2枚の塔を移動させる場合の最短の手順について考えることにしました。次の図は，真正面から見たハノイの塔のようすを示したもので，2枚の円盤は長さの違う線分で示されています。

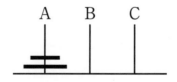

この円盤2枚の塔の場合，全体を棒Cに移動させるには，3手が必要です。2手目と3手目を，1手目のかき方にならって，下の図に示しなさい。

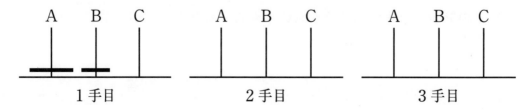

(2) 続いて、優奈さんが、円盤3枚の塔を移動させる場合の最短の手順について考えることにしました。次の図は、その手順を示そうとしたものです。途中の5手目と6手目の円盤の状態をかきこみ、完成しなさい。

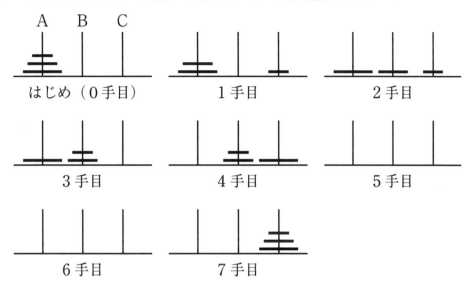

(3) 優奈さんは、円盤が移動するようすを示した上の図を観察しました。すると、例えば、3手目の図と4手目の図を下のように並べると、線対称になります。この他にも、線対称になる図の組がいくつかあることに気づきました。

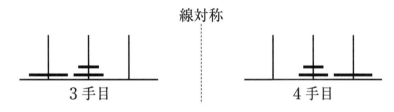

そこで、優奈さんは、すべての組に共通していえる特徴を、その図が何手目であるのかに着目してまとめようとしました。あなたなら、どのようにまとめますか。説明しなさい。

説明

（4）健さんは，円盤3枚の塔を移動させる場合の最短の手順について，太一さんの考えたことを参考にしながら，次のように説明しました。

説明：はじめ（0手目）の状態で，小さい方から2枚の円盤をひとまとまりと考え，三角形△で表します。すると，㋐，㋑，㋒，㋓の順に，はじめの塔を棒Cへ移動させることができます。

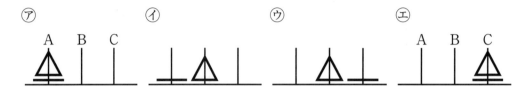

① 上の図の三角形△を1回移動させるのに，最短で何手必要ですか。

② 健さんの説明をもとにすると，円盤3枚の塔を，AからCへ移動させるのに必要な最短の手の数は，どのような式で求められますか。

答 _____

（5）太一さんは，円盤4枚の塔を移動させる場合の手順を，下の図のように示し，円盤の動きを観察しました。

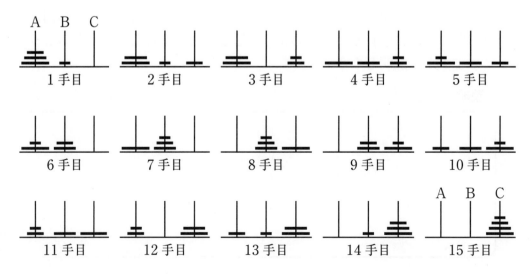

64

① 1手目の図の1番小さい円盤は，何手に1回移動していますか。

答 □ 手

② 1手目の図の1番小さい円盤は，棒Bから3本の棒A，B，Cを，どのような順で移動していますか。その順を，A，B，Cを使って書きなさい。

③ 2手目の図の2番目に小さい円盤は，何手に1回移動していますか。

答 □ 手

④ 2手目の図の2番目に小さい円盤は，棒Cから3本の棒A，B，Cを，どのような順で移動していますか。その順を，A，B，Cを使って書きなさい。

⑤ 各円盤は，それぞれ何回移動していますか。

1番目に小さい円盤	(　　　) 回
2番目に小さい円盤	(　　　) 回
3番目に小さい円盤	(　　　) 回
4番目に小さい円盤	(　　　) 回

10 カレンダー
数の並びの決まりを見つけよう

1 美月さんは，2016年3月のカレンダーを見ていて，同じ曜日の日付に共通点があることに気がつきました。

気づいたこと

日付を7で割ったときの余りが等しい。

3月

日	月	火	水	木	金	土
		1	2	3	4	5
6	7	8	9	10	11	12
13	14	15	16	17	18	19
20	21	22	23	24	25	26
27	28	29	30	31		

次の（1）から（5）までの各問いに答えなさい。なお，（1）から（5）の日付は，すべて2016年のものです。

（1）3月の土曜日の日付を7で割ったときの余りを求めなさい。

答 □

（2）4月18日は，何曜日ですか。

答 □ 曜日

（3）美月さんは，4月30日の曜日について，7で割ったときの余りを用いて，次のように考えました。下の①から③までに当てはまる数を求めなさい。

> 4月30日は3月1日から数えて，①日目である。
>
> ① ÷ 7 ＝ ② あまり ③
>
> 7で割ったときの余りが ③ なので，4月30日は土曜日である。

答 ① □　② □　③ □

（4）5月5日は，3月3日と同じ曜日になります。このことを7で割ったときの余りを用いて説明しなさい。ただし，4月は30日まであります。

説明

（5）7月7日と9月9日の曜日について，下のアからエまでの中から正しいものを1つ選びなさい。ただし，5月は31日まで，6月は30日まで，7月は31日まで，8月は31日まで，それぞれあります。

　ア　7月7日も9月9日も，ともに3月3日と同じ曜日である。

　イ　7月7日は3月3日と同じ曜日であるが，9月9日は3月3日と同じ曜日ではない。

　ウ　7月7日は3月3日と同じ曜日ではないが，9月9日は3月3日と同じ曜日である。

　エ　7月7日も9月9日も，ともに3月3日と同じ曜日ではない。

答

11 皿の破片

作図を活用しよう

1　陸さんは、遺跡の調査をしていたところ、右の図のような皿の破片を発見しました。そして、この皿がもとは円形だったと考えて、その円の中心を、次の①から⑤までの手順で求めることにしました。

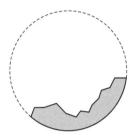

　① 皿の形を紙に写しとる。
　② 円周上に異なる4点A, B, C, Dをとる。

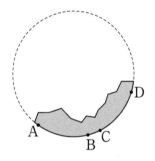

　③ 弦ABの垂直二等分線をひく。
　④ 弦CDの垂直二等分線をひく。
　⑤

次の（1）から（3）までの各問いに答えなさい。

（1）手順⑤でどのようにすれば、円の中心を見つけることができるか説明しなさい。

　説明

（2）①から⑤までの手順で円の中心を求めることができるのは，どのような性質を利用しているからですか。下のアからエまでの中から正しいものを1つ選びなさい。

　　ア　おうぎ形の弧の長さは中心角に比例する。

　　イ　二等辺三角形の頂角の二等分線は，底辺を垂直に2等分する。

　　ウ　円の接線は接点を通る半径に垂直である。

　　エ　円の弦の垂直二等分線は，その円の中心を通る。

答　□

（3）結菜さんは，弦ABの垂直二等分線と弦ADの垂直二等分線を使って円の中心を求めることができないかと考えました。このことについて，下のアからウまでの中から正しいものを1つ選びなさい。

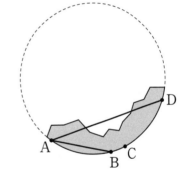

　　ア　できる。

　　イ　できない。

　　ウ　この条件だけでは判断できない。

答　□

12 球と立方体の体積
体積の関係を調べよう

1　半径rの球の表面積Sは，次の式で求める
ことができます。

$$S = 4\pi r^2$$

次の（1），（2）の各問いに答えなさい。

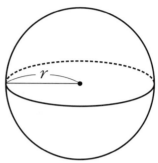

（1）半径10cmの球の表面積に最も近い
ものを，下のアからエまでの中から正しいものを1つ選びなさい。

　　ア　年賀はがき1枚の面積

　　イ　年賀はがき2枚の面積

　　ウ　年賀はがき4枚の面積

　　エ　年賀はがき8枚の面積

答

（2）球を平面で切ると，その切り口
は必ず円になります。大樹さんは
スイカを半分に切ったときの切り
口の形を見て，その面積とスイカ
の表面積を比べてみたくなりまし
た。
　スイカを完全な球であると考え
たとき，スイカの表面積は，スイ
カをその中心を通る平面で切った
ときの切り口の円の面積の何倍に
なるか求めなさい。また，その理
由を説明しなさい。

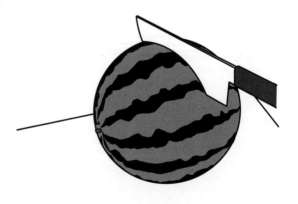

答　　　　倍

説明

[2] 半径 r の球の体積 V は，次の式で求めることができます。

$$V = \frac{4}{3}\pi r^3$$

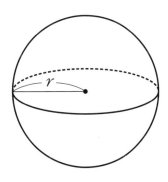

次の（1），（2）の各問いに答えなさい。

（1） 美里さんは500mLのペットボトルをよく利用しているので，体積が500mLである球の半径を知りたいと思いました。

体積が500mLである球の半径は，およそ何cmですか。下のアからカまでの中から正しいものを1つ選びなさい。

ア　約4cm　　イ　約5cm

ウ　約6cm　　エ　約8cm

オ　約10cm　　カ　約12cm

答

(2) 美里さんの家に，立方体の箱に入ったスイカが送られてきました。
　そこで，美里さんは，スイカの体積と立方体の箱の体積を比べてみたくなりました。スイカを完全な球であると考えたとき，スイカの半径をr，スイカの体積をV，また，スイカがぴったりと入る立方体の箱の1辺の長さを$2r$，立方体の箱の体積をUとし，スイカの体積Vが，立方体の箱の体積Uの何倍になるのかを調べました。

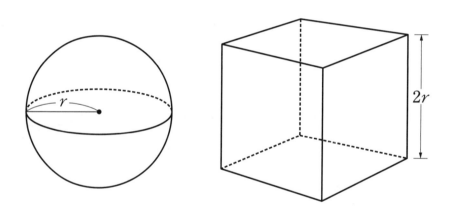

それぞれの体積は，次のように求めることができる。

　　　スイカの体積　　　$V = \dfrac{4}{3}\pi r^3$

　　　立方体の箱の体積　$U = (2r)^3$

したがって，スイカの体積が立方体の箱の体積の何倍になっているかは，次のように計算できる。

$$\frac{4}{3}\pi r^3 \div (2r)^3$$
$$=\frac{4}{3}\pi r^3 \div 8r^3$$
$$=\frac{4\pi r^3}{3\times 8r^3}$$
$$=\frac{\pi}{6}$$

　円周率を3.14とすると，半径 r のスイカの体積は，1辺の長さが $2r$ の立方体の箱の体積のおよそ0.52倍である（半分よりも少し大きい）と分かる。

　上の □ の説明から，球と立方体の関係について，さらに分かることがあります。下のア，イの中から正しいものを1つ選びなさい。また，そのことが正しい理由を説明しなさい。

ア 球の体積が立方体の体積の何倍であるかは，球の半径の値によって決まる。

イ 球の体積が立方体の体積の何倍であるかは，球の半径の値に関係なく決まる。

答 □

説明

13 学校へ向かう妹と姉

グラフを読み取ろう

1 次の問題について，グラフを使って考えます。

問題

家から800m離れた学校に向かって，妹が家を出発し，分速80mで歩いています。姉が妹の忘れ物に気づいて，同じ道を自転車で追いかけました。妹が出発してから8分後に分速300mで追いかけると，姉は妹に追いつくことができますか。
また，追いつくことができない場合は，どうすれば姉は妹に追いつくことができますか。

下の図は，妹が出発してからの時間をx分，家から学校に向かって進んだ道のりをymとして，妹と姉の進むようすを，それぞれ線分OA，線分BCで表したグラフです。

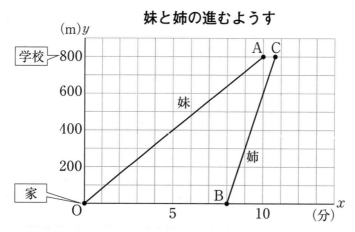

次の（1）から（3）までの各問いに答えなさい。

（1）**妹と姉の進むようすから，妹が学校に着くまでに，姉は妹に追いつけないことが分かります。妹が学校に着いたとき，姉は学校まであと何mの地点にいますか。**

答 　　　　　m

（2）姉の出発する時間を変えれば，姉の速さを変えなくても，妹が学校に着いたときに，ちょうど姉が妹に追いつくことができます。この追いつくようすを表した正しいグラフを，下のアからエまでの中から1つ選びなさい。

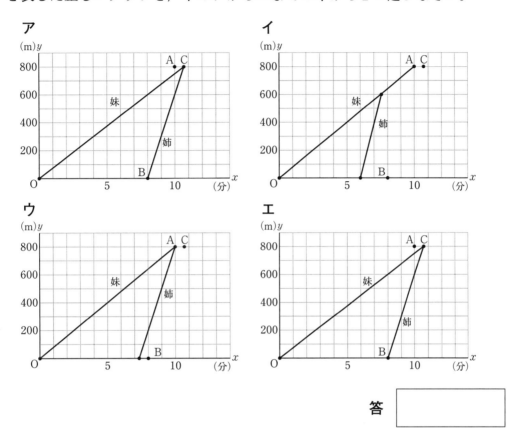

答 □

（3）姉の速さを変えれば，出発する時間を変えなくても，妹が学校に着いたときに，ちょうど姉が妹に追いつくことができます。このようすをグラフに表すには，**妹と姉の進むようす**の4点O，A，B，Cのうち，どの2点を結べばよいですか。その2点を書きなさい。また，その2点を結んだグラフから姉の速さを求める方法を説明しなさい。ただし，実際に姉の速さを求める必要はありません。

答 □点 ， □点

説明

14 うちわの印刷

グラフを活用しよう

1　春香さんの住む町内では夏祭りに向けてオリジナルうちわをつくることになりました。すでに，デザインは決まっているので，店に印刷を頼もうとしています。次の表は，3つの店の料金をまとめたものです。なお，どの店も，うちわの値段と印刷の値段の合計の料金で示されています。

うちわの印刷の料金（※うちわの代金を含む）

店　名	料　金
祭りプリント	うちわ100枚までは何枚でも10000円。 101枚目からはうちわ1枚につき100円追加されます。
かもめ印刷	製版代が10000円で， うちわ1枚につき50円追加されます。
夏工房	うちわ400枚までは何枚でも25000円です。

※製版代とは，印刷するときの元になる版をつくるために必要な代金のことです。

夏祭りの実行委員会では，印刷する枚数によってどの店の料金が安くなるかを調べるために，うちわをx枚印刷したときの料金をy円として，店ごとのxとyの関係を次のようにグラフに表しました。

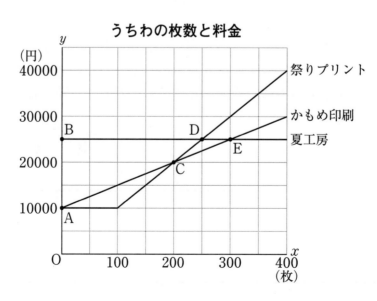

次の(1)から(3)までの各問いに答えなさい。

(1) 祭りプリントに150枚のうちわの印刷を頼むと，料金はいくらになりますか。

答 　　　　　円

(2) ある枚数のうちわを印刷すると，かもめ印刷と夏工房のどちらに頼んでも料金が同じになります。このときのうちわの枚数は，グラフのどの点の座標から分かりますか。下のアからオまでの中から正しいものを1つ選びなさい。

ア 点A　　イ 点B　　ウ 点C

エ 点D　　オ 点E

答 　　　　　

(3) 夏祭り実行委員会では，うちわを350枚印刷することに決定しました。うちわ350枚の印刷料金が最も安い店は，それぞれの店の料金を計算しなくても，グラフから判断できます。その方法を説明しなさい。

説明

15 直角二等辺三角形を折る
変化する数量を見つけよう

1 下の図1のように，∠C＝90°，AC＝BCである直角二等辺三角形ABCの紙があります。この紙の表は白で，裏には色がついています。

この紙を，図2のように，辺ABの中点をPとし，辺BC上に点Qをとり，線分PQを折り目として，裏面が見えるように紙を折り返します。

このとき，頂点Bが移る点をD，線分DPと辺ACの交点をE，線分DQと辺ACの交点をFとします。

図1   図2

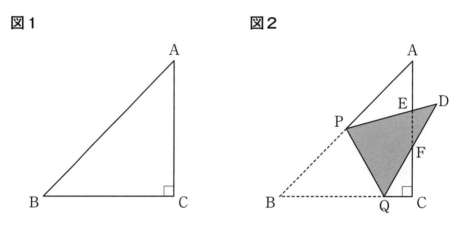

次の（1）から（4）までの各問いに答えなさい。

（1）∠PDQの大きさを求めなさい。

答　　　　度

（2）∠APE＝30°のとき，∠DPQの大きさを求めなさい。

答　　　　度

(3) 剛さんは，折り目の線分PQの位置を変えると，∠DPQの大きさがどのように変わるかを調べようと思い，次のように，式をつくりました。

剛さんの式

∠APE＝x°，∠DPQ＝y°とすると，

$y = 90 - \dfrac{x}{2}$

この**剛さんの式**が正しいことを説明しなさい。

説明

（4）△APEと△DPQが合同となるようにするには，どのように折り返せばよいのでしょうか。その折り返し方を言葉で書き，図に示しなさい。また，その折り返し方をすると，△APE≡△DPQになる理由を説明しなさい。

折り返し方

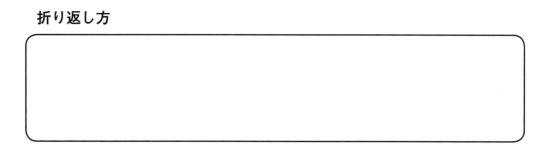

折り返した図（次の図にかき加えなさい。）

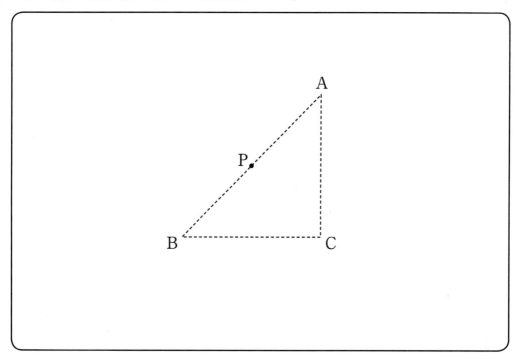

説明

16 はじめて使う単位
単位の関係をつかもう

名前　　　　　　　　　年　組　番

1 未来さんのグループは，秋の文化祭でいろいろな単位について発表することになりました。次の（1）から（4）までの各問いに答えなさい。

（1）未来さんは，ダイヤモンドなどの宝石の質量を表すときに，「カラット」（単位記号は［ct］）という単位が使われていることを知りました。そこで，ダイヤモンドの質量をグラム［g］で表した場合とカラット［ct］で表した場合の関係を調べ，表にまとめました。ところが，調べている途中で一部のデータを失ってしまいました。下の表の①，②に当てはまる数を書き入れなさい。また，1ctは何gか求めなさい。

ダイヤモンドの質量

0.8 g	……	① ct
1.4 g	……	7 ct
② g	……	10 ct
0.6 g	……	3 ct
1 g	……	5 ct

答　①　　　　　　
　　②　　　　　　
1ctは　　　　　g

（2）グラム［g］で表した質量をxg，カラット［ct］で表した質量を$y$ctとすると，xとyとの間にはどのような関係がありますか。下のアからエまでの中から正しいものを1つ選びなさい。

　ア　yはxに比例する。

　イ　yはxに反比例する。

　ウ　xとyの関係は，比例，反比例のいずれでもない関係である。

　エ　xとyは無関係である。

答

(3) 一輝さんは，真珠の質量を表すときに「匁」という単位が使われていることを知り，1匁が3.75gであることを調べました。下のアからエまでの中で，1匁にもっとも近いものを1つ選びなさい。

　ア　五円硬貨の質量

　イ　ニワトリの卵1個の質量

　ウ　100mLの水の質量

　エ　32ページの新聞の質量

答　□

(4) 春菜さんは次のことがらを調べ，「ミリ」が「1000分の1」という意味を表していることを知りました。

	読み方	意味
1mm	1ミリメートル	1mの$\frac{1}{1000}$
1mL	1ミリリットル	1Lの$\frac{1}{1000}$

同じような書き方で，「デシ」についてまとめなさい。

	読み方		意味
1dL	1	1Lの	
1dm	1	1mの	

17 連立方程式の解き方
説明をふり返って考えよう

[1] 拓海さんは，連立方程式の解法について調べていて，授業で習った加減法と代入法以外に，次のような解き方があることを知りました。

第3の解き方

連立方程式 $\begin{cases} 3x+2y=33 \cdots\cdots ① \\ 4x+5y=58 \cdots\cdots ② \end{cases}$

〔解き方〕 $x=5$ と仮定する。
　　　　　$x=5$ を①に代入して，
　　　　　　$3\times 5+2y=33$
　　　　　　　　　$y=9$
　　　　　$x=5, y=9$ のとき，②の左辺の式の値は，
　　　　　　$4x+5y=65$
　　　　　したがって，もとの連立方程式の正しい x の値は，
　　　　　　$x=5+\dfrac{65-58}{7}\times 2=7$
　　　　　この x の値を①に代入して，$y=6$
　　　　　したがって，もとの方程式の解は，$x=7, y=6$

次の（1）から（6）までの各問いに答えなさい。

（1）上の連立方程式を，これまでに学習した方法で解きなさい。

連立方程式 $\begin{cases} 3x+2y=33 \cdots\cdots ① \\ 4x+5y=58 \cdots\cdots ② \end{cases}$

（2）拓海さんは，もとの連立方程式の正しい x の値（もとの方程式の解）が，

$$x=5+\frac{65-58}{7}\times 2=7$$

の式で求められることが理解できないので，姉のひなさんに聞きました。ひなさんは，方程式の解の意味をもとに，仮の x の値と正しい x の値との差に目をつけて，次のように説明しました。

ひなさんの説明

仮の x の値5と，この値を①に代入して求めた仮の y の値9をもとにして，もとの連立方程式の解は，
　　正しい x の値 $(5+a)$，　　正しい y の値 $(9+b)$
と表すことができる。
　x の値 $(5+a)$ と y の値 $(9+b)$ は方程式①の解だから，
　　　　$3(5+a)+2(9+b)=33$
　　　　$3a+2b=0$
　　　　　　$b=\boxed{ア}$
また，方程式②の解だから，
　　　　$4(5+a)+5(9+b)=58$
　　　　$(4\times 5+4a)+(5\times 9+5b)=58$
　　　　$(4\times 5+5\times 9)+(4a+5b)=58$
　　　　$65+(4a+5b)=58$
　　　　$4a+5b=58-65$
この式に $b=\boxed{ア}$ を代入して整理すると，
　　　　$a=\frac{65-58}{7}\times 2$

したがって，正しい x の値は，
　　　　$x=5+\frac{65-58}{7}\times 2=7$

ひなさんの説明の中のアに当てはまる式を求め，$4a+5b$ を a の式イで表しなさい。

答　ア　[　　　]　　イ　[　　　]

87

（3）拓海さんは，**ひなさんの説明**を聞き，次のような図式を使って，**第3の解き方**が数学的に正しいかどうかを調べました。**図1**はもとの連立方程式を図式に表したものです。**図2**は，「$x=5$と仮定」したときの「仮のx」と「仮のy」を太枠の長方形で表した連立方程式を表しています。

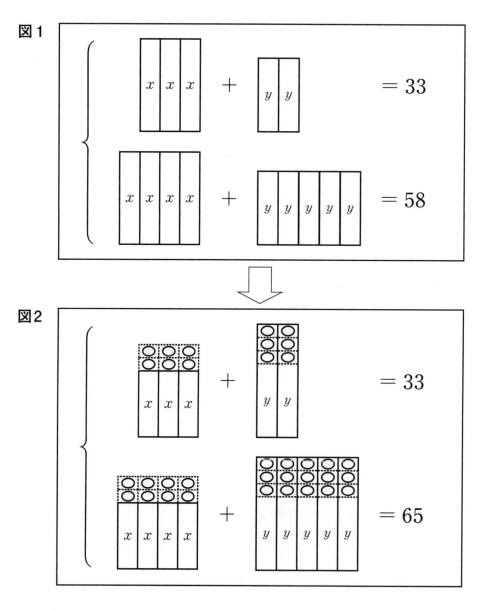

図2の○印1つ分で表された長方形は，どのような値を表していますか。

答

（4）**図1**の中の58と**図2**の中の65について，58と65との差7は，〇印の長方形いくつ分に当たりますか。

答 [　　]

（5）仮定したxの値をm，〇印の長方形に当たる値をnとすると，もとの連立方程式の正しいxの値は，mとnのどんな式で表されますか。
　　　xを，mとnの式で表しなさい。

答 [　　]

（6）次の連立方程式を，$x=5$と仮定して，**第3の解き方**で解きなさい。

$$\begin{cases} 2x+ y=16 \cdots\cdots ① \\ 3x+4y=29 \cdots\cdots ② \end{cases}$$

$x=5$と仮定する。

18 2つおきに並ぶ3つの整数の和

反例をあげて説明しよう

1　悠斗さんは,「連続する偶数」,「連続する奇数」を, それぞれ, 下の図1のように表しました。

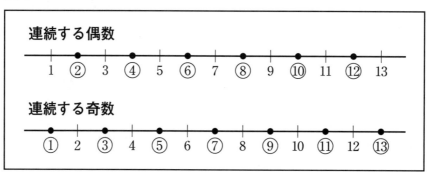

図1

図1から,「連続する偶数」,「連続する奇数」は, ともに,「1つおきに並ぶ整数」であるということができます。

次の（1）の問いに答えなさい。

（1）1つおきに並ぶ2つの整数の和を計算すると, 次のようになります。

2, 4のとき,　　2＋4＝6
3, 5のとき,　　3＋5＝8
6, 8のとき,　　6＋8＝14
9, 11のとき,　　9＋11＝20

これらの結果を観察して, 悠斗さんは, 1つおきに並ぶ2つの整数の和が次のような性質をもつことを予想しました。下の①に当てはまる数を書きなさい。

| 1つおきに並ぶ2つの整数の和は, ① の倍数である。 |

答　①　□

2

さらに，悠斗さんは，2つおきに並ぶ3つの整数の和がどんな数になるかを，次のように調べ始めました。

3, 6, 9のとき，   3＋6＋9＝18
5, 8, 11のとき，   5＋8＋11＝24
9, 12, 15のとき， 9＋12＋15＝36

次の（1）から（3）までの各問いに答えなさい。

（1）悠斗さんは，これらの結果を観察して，

18＝6×3, 24＝6×4, 36＝6×6

となるから，「**2つおきに並ぶ3つの整数の和は，6の倍数になる**」と予想しました。

しかし，よく調べてみると，この予想は正しくないことが分かります。

このことは，次のように説明できます。

説明

> 2つおきに並ぶ3つの整数が ①, ②, ③ のとき，
> それらの和は， ④ で，6の倍数でない。
> したがって，2つおきに並ぶ3つの整数の和は，6の倍数とは限らない。

上の**説明**の①から④までに当てはまる整数をそれぞれ書きなさい。ただし，①，②，③は小さい順に書きなさい。

答　①, ②, ③ [＿＿＿＿＿＿]　　④ [＿＿＿]

（2）理加さんは，さらに，2つおきに並ぶ3つの整数の組をつくり，その組の3つの整数の和を調べた結果，次のように予想し直しました。

理加さんの予想

> 2つおきに並ぶ3つの整数の和は，3の倍数になる。

この**理加さんの予想**は正しいといえます。予想が正しいことの説明を完成しなさい。

説明

nを整数とすると，2つおきに並ぶ3つの整数は，
 　　n，$n+3$，$n+6$
と表される。
 したがって，それらの和は，

 　$n+(n+3)+(n+6)=$

（3）**3つおきに並ぶ4つの整数**の場合，その和がどんな数になるかを調べます。

1，　5，　9，13のとき　　1＋ 5＋ 9＋13＝28
2，　6，10，14のとき　　2＋ 6＋10＋14＝32
5，　9，13，17のとき　　5＋ 9＋13＋17＝44
9，13，17，21のとき　　9＋13＋17＋21＝60
⋮

3つおきに並ぶ4つの整数の和は，どんな数になりますか。

前ページの**理加さんの予想**の書き方のように「**〜は，……になる。**」という形で書きなさい。

19　5の倍数の和
仮定の条件を変えてみよう

1　由紀さんと慎吾さんは，連続する3つの5の倍数の和がどんな数になるかを調べています。

　　　　5，10，15のとき，　　5＋10＋15＝30
　　　20，25，30のとき，　　20＋25＋30＝75
　　　35，40，45のとき，　　35＋40＋45＝120

　これらを観察して，
　　　30＝5×10，　75＝5×25，　120＝5×24
となるから，由紀さんは，次のように予想しました。

由紀さんの予想

> 連続する3つの5の倍数の和は，5の倍数になる。

次の（1）から（3）までの各問いに答えなさい。

（1）他の連続する3つの5の倍数についても，**由紀さんの予想**が正しいかどうかを，慎吾さんは確かめようとしています。下の①から④までに当てはまる自然数をそれぞれ書きなさい。ただし，①，②，③は小さい順に書きなさい。

慎吾さんの確かめ

> 連続する3つの5の倍数 ① ， ② ， ③ について，それらの和は， ④ になり，5の倍数になる。

答　①　　　　　②　　　　　③　　　　　④

（2）慎吾さんは，確かめの中で気づいたことがあり，次のように予想しました。その予想がいつでも成り立つことを，文字を使って下のように説明しはじめました。慎吾さんの由紀さんへの説明を完成しなさい。

慎吾さんの予想

連続する3つの5の倍数の和は，15の倍数になる。

慎吾さんの説明

nを自然数とすると，連続する3つの5の倍数は，
$$5n, \quad 5n+5, \quad 5n+10$$
と表される。
したがって，それらの和は，

$5n+(5n+5)+(5n+10)=$

（3）由紀さんと慎吾さんの2人は，5の倍数の個数を増やして，

連続する4つの5の倍数の場合，

その和はどんな数になるかを調べようとしています。
連続する4つの5の倍数の和は，どんな数になると予想できますか。
このページの**慎吾さんの予想**の書き方のように「～は，……になる。」という形で書きなさい。

20 偶数どうしの積
説明をふり返って考えよう

[1] 優馬さんと奈央さんは，連続する2つの偶数について，その積がどんな数になるかを調べています。

優馬さんは，次のような例で調べました。

優馬さんの例

```
 4と 6のとき，  4× 6= 24=4× 6
 8と10のとき，  8×10= 80=4×20
14と16のとき， 14×16=224=4×56
```

そして，これらの結果から次のことを予想しました。

優馬さんの予想と説明のメモ

[予想]　連続する2つの偶数の積は，4の倍数である。

[説明のメモ]
　　n は整数
　　連続する2つの偶数の積　……　$2n(2n+2)$
　　　　　　　　　　　　　　　　$=2n×2(n+1)$
　　　　　　　　　　　　　　　　$=4n(n+1)$
　　$n(n+1)$ は整数だから，$4n(n+1)$ は4の倍数

次の(1)から(3)までの各問いに答えなさい。

(1) 優馬さんの説明のメモを見ていた奈央さんは，次のことを予想しました。

奈央さんの予想

連続する2つの偶数の積は，8の倍数である。

奈央さんは，**優馬さんの例**や**説明のメモ**のどんなことをもとに予想したのでしょうか。奈央さんがもとにしたと考えられることを1つ書きなさい。

(2) 「0×2＝0」という例は，**優馬さんの例**にはありませんが，この例は**奈央さんの予想**に当てはまっているといえますか。下のアからウまでの中から正しいものを1つ選びなさい。

　ア　0は偶数ではないので，このような例を考える必要はない。

　イ　0は偶数であるが，0はどんなの数の倍数でもないので，ただ1つの例外として除外しておく必要がある。

　ウ　0は偶数であり，また，すべての数の倍数でもあるので，奈央さんの予想に当てはまっている。

答

（3）奈央さんは，さらに，負の整数について，連続する2つの偶数の積がどんな数になるかを調べています。

奈央さんの例

```
(− 6)×(− 4)= 24=8× 3
(− 4)×(− 2)=  8=8× 1
(−12)×(−10)=120=8×15
```

文字を使って，連続する2つの偶数はどのように表すことができますか。下のアからクまでの中から正しいものをすべて選びなさい。
ただし，m，n は整数とします。

ア　連続する2つの偶数を，m，$n+2$ とする。

イ　連続する2つの偶数を，m，$n-2$ とする。

ウ　連続する2つの偶数を，n，$n+2$ とする。

エ　連続する2つの偶数を，n，$n-2$ とする。

オ　連続する2つの偶数を，$2m$，$2n+2$ とする。

カ　連続する2つの偶数を，$2m$，$2n-2$ とする。

キ　連続する2つの偶数を，$2n$，$2n+2$ とする。

ク　連続する2つの偶数を，$2n$，$2n-2$ とする。

答

21 対角線への垂線
証明を見直そう

1 右の図1のように，平行四辺形ABCDの対角線BDに，頂点A，Cからひいた垂線を，それぞれ，AP，CQとします。

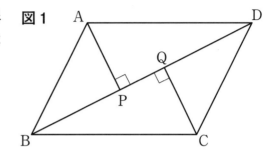
図1

翼さんと七海さんは，図1を観察して，線分の長さや角の大きさ，図形の形などについて話し合っています。

次の（1）から（4）までの各問いに答えなさい。

（1）翼さんは，2つの垂線について「AP＝CQ」であることに気づき，次のように説明しました。

翼さんの説明

△ABD≡△CDBより，面積について△ABD＝△CDB
対角線BDは2つの三角形の共通な辺で，辺BDの垂線AP，CQは，辺BDに対するそれぞれの三角形の高さである。
したがって，AP＝CQ

上の**翼さんの説明**の「△ABD≡△CDB」は，平行四辺形の性質と三角形の合同条件「3組の辺がそれぞれ等しい。」をもとにしたといいます。次のどの平行四辺形の性質をもとにしていますか。下の**ア**から**エ**までの中から正しいものを1つ選びなさい。

  ア　2組の対辺はそれぞれ平行である。

  イ　2組の対辺はそれぞれ等しい。

  ウ　2組の対角はそれぞれ等しい。

  エ　対角線はそれぞれの中点で交わる。

答

（2）七海さんは，「AP＝CQ」であることを，次のように証明しました。

七海さんの証明

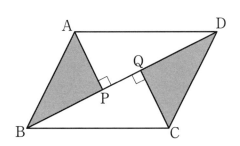

△ABPと△CDQにおいて，

平行四辺形ABCDの向かい合う辺は等しいから，
　　　AB＝CD　　……①
また，AB∥CDだから，
平行な2つの直線に1つの直線が交わってできる錯角は等しいから，
　　　∠ABP＝∠CDQ　……②
さらに，AP＝CQ　……③
①，②，③より，
2組の辺とその間の角がそれぞれ等しいから，
　　　△ABP≡△CDQ

したがって，AP＝CQ

上の**七海さんの証明**には，□□□の中に**まちがい**があります。
まちがっている部分を，□□□の中に下線（＿＿＿）をひいて示しなさい。

(3) **七海さんの証明**の の中を正しく書き直しなさい。

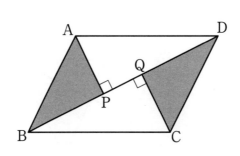

△ABPと△CDQにおいて，

したがって，AP＝CQ

（4）翼さんは，七海さんの証明を聞いて，次の図2をもとにして，
　　　　「△APO≡△CQO」
　　を示しても，「AP＝CQ」を証明することができることに気づきました。

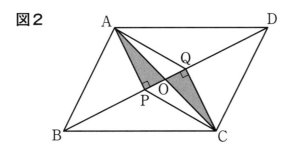
図2

　「△APO≡△CQO」を示すために，三角形の合同条件以外に，平行四辺形の性質と角についての性質をもとにしています。それぞれのどんな性質をもとにしますか。下のアからクまでの中から当てはまるものをすべて選びなさい。

平行四辺形の性質

　ア　2組の向かい合う辺はそれぞれ平行である。

　イ　2組の向かい合う辺はそれぞれ等しい。

　ウ　2組の向かい合う角はそれぞれ等しい。

　エ　対角線はそれぞれの中点で交わる。

角についての性質

　カ　対頂角は等しい。

　キ　2つの直線が平行なとき，同位角は等しい。

　ク　2つの直線が平行なとき，錯角は等しい。

答

22 角の二等分線
条件を変えて調べよう

[1] 下の図1のように，正方形ABCDの辺BC上に点Pをとり，∠PADの二等分線と辺CDの交点をQとします。次に，図2のように，辺CBの延長上に，BE = QDとなるような点Eをとります。

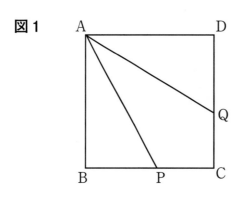
図1

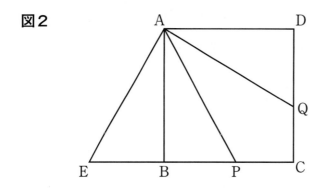
図2

次の（1）から（4）までの各問いに答えなさい。

（1）図2で，∠AEB＝∠AQDとなることを証明しなさい。

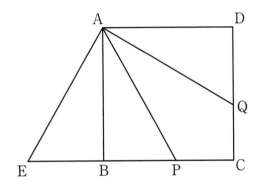

証明

(2) ∠BAP=a, ∠DAP=$2b$とするとき、∠AECの大きさを、aとbを用いて表しなさい。また、そのように表すことができることを説明しなさい。

答

説明

（3）△AEPはどんな三角形ですか。
　　　下のアからオまでの中から正しいものを1つ選びなさい。

　　　ア　正三角形

　　　イ　二等辺三角形

　　　ウ　直角三角形

　　　エ　直角二等辺三角形

　　　オ　アからエのどの三角形でもない。

答　[　　　]

（4）AP＝AQとなるとき，△AEPはどんな三角形になりますか。

答　[　　　　　　　]

23 正方形と対角線の垂線

証明をふり返ろう

1 右の図のように，正方形ABCDの対角線BD上に，BE＝BAとなる点Eをとり，点Eにおける対角線BDの垂線と辺CDとの交点をFとします。

次の（1），（2）の各問いに答えなさい。

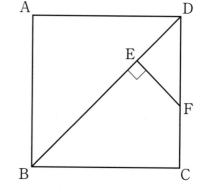

（1）EF＝FCであることを証明しなさい。

証明

（2）線分EFの長さと等しい線分が，線分FC以外にもあります。
　　その線分を1つ書きなさい。また，その理由を説明しなさい。

説明

24 立方体の切り口
証明を見直そう

1 右の図の立方体ABCDEFGHで，辺AB，BC上に，それぞれ，

BP＝BQ

となる点P，Qをとり，辺BF上の点をRとします。

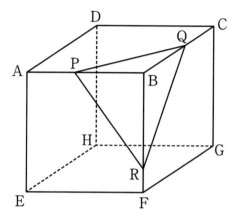

いま，同じ直線上にない3点P，Q，Rを通る平面PQRで，立方体の一部を切りとった三角錐BPQRについて調べています。

次の（1）から（4）までの各問いに答えなさい。

(1) △PQRが二等辺三角形であることを，下のように証明しましたが，この証明には，□□□の中に**まちがい**があります。

まちがっている部分を，□□□の中に下線（＿＿＿）をひいて示しなさい。

証明

△BPRと△BQRにおいて，

仮定から　　BP＝BQ　　……①
　　　　　　PR＝QR　　……②
また，　　　BR＝BR（共通な辺）……③

①，②，③より，
3組の辺がそれぞれ等しいから，
　　　△BPR≡△BQR

したがって，PR＝QR
よって，△PQRはPR＝QRの二等辺三角形である。

（2）（1）の証明の □ の中を正しく書き直しなさい。

証明

△BPRと△BQRにおいて，

したがって，PR＝QR
よって，△PQRはPR＝QRの二等辺三角形である。

（3）下の図は，三角錐BPQRの投影図です。
実際の辺の長さが表れている部分に〇印をつけなさい。

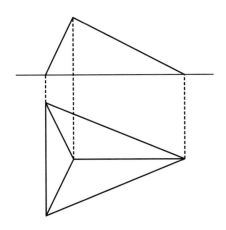

（4）立方体の1辺の長さが6cmで，点P，Qは，それぞれ，辺AB，辺BCの中点とします。点Rは頂点Fと一致しています。

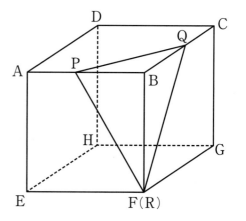

　このとき，この立方体を，平面PQR（平面PQF）で切りとった三角錐BPQRの展開図をかくと，その展開図の形は正方形になりました。

　この三角錐BPQRの展開図を，下の方眼紙にかきなさい。

　ただし，方眼紙の1目盛は1cmとします。

25 鉛筆立てをつくる

問題解決の計画を立てよう

1. 右の**写真1**のような鉛筆立てがあります。厚紙で，この鉛筆立てと同じ立体をつくろうと思い，下のような見取図をかいて，辺の長さや角の大きさを測りました。

写真1

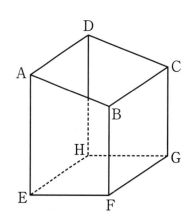

<u>測った結果</u>
AE＝12cm，BF＝9cm，CG＝11cm，DH＝14cm
EF＝FG＝GH＝HE＝8cm
∠AEF＝∠BFE＝90°，∠BFG＝∠CGF＝90°
∠CGH＝∠DHG＝90°，∠DHE＝∠AEH＝90°
∠EFG＝90°

次の（1）から（5）までの各問いに答えなさい。

（1）底面EFGHはどんな四角形ですか。その名前を，下のアからカまでの中から正しいものを1つ選びなさい。
　　また，その判断した理由を説明しなさい。

　　　ア　正方形

　　　イ　長方形

　　　ウ　平行四辺形

　　　エ　台形

　　　オ　ひし形

　　　カ　アからオのどれでもない。

答　☐

説明
☐

（2）側面AEFBはどのような四角形ですか。その名前を，下のアからカまでの中から1つ選びなさい。

　　　ア　正方形

　　　イ　長方形

　　　ウ　平行四辺形

　　　エ　台形

　　　オ　ひし形

　　　カ　アからオのどれでもない。

答　☐

（3）鉛筆立ての見取図で，直線AEとねじれの位置にある辺（直線）をすべていいなさい。

答

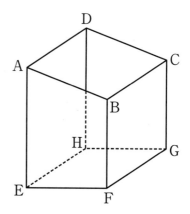

（4）下の**展開図1**，**展開図2**うち，組み立てたときに，鉛筆立ての上のあいている部分ABCDが平面にならないものはどちらですか。
ア，イの中から正しいものを1つ選びなさい。

ア　展開図1

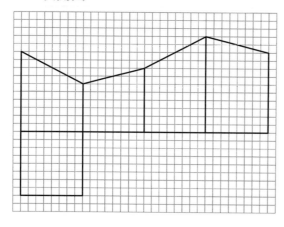

イ　展開図2

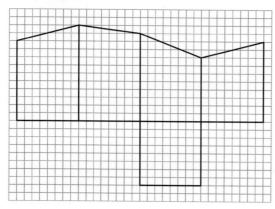

答

（5）次の条件をもつ**写真1**のような鉛筆立てをつくりたいと思います。

- 底面EFGHは1辺の長さが7cmであること。
- 開口部ABCDはひし形であること。
- 一番高い辺DHは12cm，一番低い辺BFは8cmであること。

この鉛筆立ての展開図をかきなさい。ただし，方眼の1めもりは1cmとします。

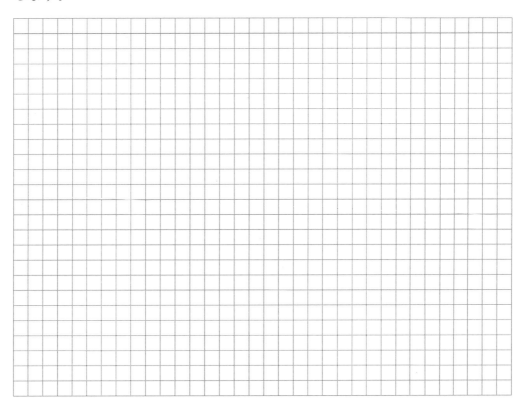

26 薬師算

和算の考え方を知ろう

1　図1のように，1辺に n 個ずつタイルを並べて正方形の形をつくりタイル全部の個数を求めます。

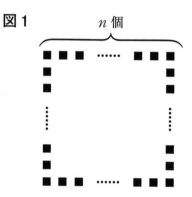

図1

次の（1）から（4）までの各問いに答えなさい。

（1）1辺に6個ずつタイルを並べて正方形の形をつくります。このときタイル全部の数を求めなさい。

答　　　　個

（2）図1で，タイルのまとまりを考えて，ある囲み方をすると，タイル全部の個数は，$4(n-1)$ という式で求めることができます。この囲み方が，下のアからウまでの中にあります。正しいものを1つ選びなさい。

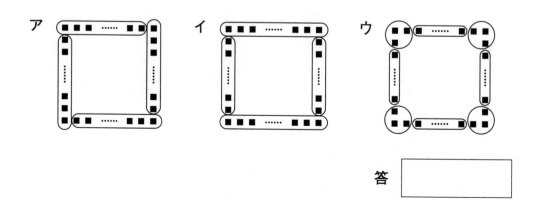

答

(3) 図2のような囲み方をするとタイルの全部の個数は、$4n-4$という式で求めることができます。タイル全部の個数を求める式が$4n-4$になる理由は、次のように説明できます。

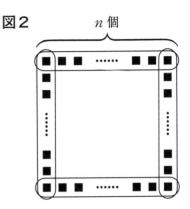

図2

説明

正方形の辺ごとにすべてのタイルを囲んでいるので、1つのまとまりの個数はn個である。同じまとまりが4つあるので、このまとまりで数えたタイルの個数は$4n$個になる。このとき、各頂点のタイルを2回数えているので、タイル全部の個数は$4n$個より4個少ない。

したがって、タイル全部の個数を求める式は、$4n-4$になる。

図3のように囲み方を変えてみると、タイル全部の個数は、$4(n-2)+4$という式で求めることができます。タイル全部の個数が$4(n-2)+4$になる理由について下の説明を完成しなさい。

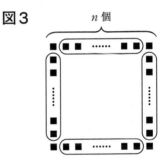

図3

説明

したがって、タイルの全部の個数を求める式は、$4(n-2)+4$になる。

(4) この問題についていろいろ調べてみると、江戸時代の和算の本に「薬師算」という問題がのっていることが分かりました。
美優さんは、次の「薬師算」の問題について考えてみることにしました。

「薬師算」の問題

> 碁石を並べて、正方形をかきました。1辺にいくつ碁石を使っているのかは分かりません。また、正方形の中に碁石は入れません。このとき、1辺の数に合わせて、碁石を右から左に並べると、一番左の碁石の数は、5個でした。碁石を何個使って正方形をかいたのでしょうか。

並べ方

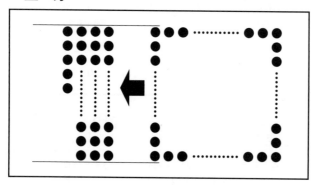

まず、正方形の1辺に5個、6個、7個の碁石を並べた場合について、それぞれ考えてみました。

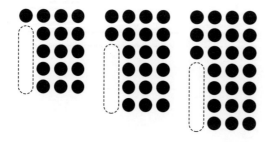

このことから、美優さんは、次のことがいえると考えました。

美優さんの考え

> ① 碁石は、個数が増えても必ず4列になる。
> ② 4列目に端数が出たときには、点線で囲んだ不足分は、必ず4個になる。

美優さんの考えの①は，正方形に並べた碁石を，**「薬師算」の問題**の**並べ方**で並べると必ず4列になることが分かります。

また，**美優さんの考え**の②は，次のように説明できます。

「薬師算」の問題の**並べ方**にしたがって並べたとき，1列は1辺の碁石の数になります。これは各頂点の碁石を重複して考えていることになるので，4列目の不足分は，必ず4個になることが分かります。

このとき，4列目の端数をm個とすると，使った碁石の数は，どのように表せますか。下の**ア**から**エ**までの中から正しいものを1つ選びなさい。

また，前ページの**並べ方**をしたとき，4列目の端数が5個のときの碁石の総数を求めなさい。

ア　$5m+12$

イ　$4m+12$

ウ　$4m-4$

エ　$5m-4$

答　

答　**端数が5個のときの碁石の総数は，**　　　**個**

問題編　解答例

1 長距離走大会　(p.40)

1. (1) 3時間45分
   (2) イ
   (3) イ

   説明例
   「30kmコースの高低」のグラフから，スタート地点の高さは10m，ゴール地点の高さは5mだと分かる。
   高さが違うので，スタート地点とゴール地点は異なる場所だと分かる。

2 ばらばらの新聞紙　(p.42)

1. (1) 32ページ
   (2) ウ
   (3) 40ページ

3 日時計をつくる　(p.44)

1. (1) 15度
   (2) イ
   (3) ア

4 しきつめ模様　(p.48)

1. (1)

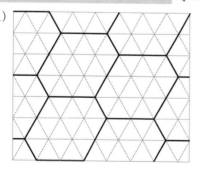

   (2) ク，コ

   (3)

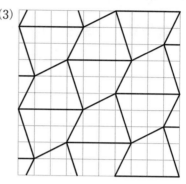

   (4) 六角形1

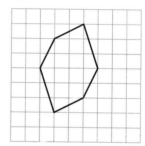

   六角形2

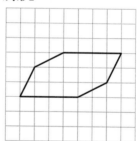

   (5) ア，イ，ウ，エ

5 通学　(p.52)

1. (1) 5人
   (2) イ

   説明例
   ヒストグラムから中央値は，通学にかかる時間が5分以上10分未満の階級に含まれるので，それより通学に時間がかかる真由さんは短い方から数えて30番以内であるといえない。

6 地球温暖化 (p.54)

1 (1) 4日

(2) ア

説明例

2007年8月は，32℃以上（30℃未満）の階級の度数の和が23日（4日）で，1997年8月の11日（8日）より大きい（小さい）ので，2007年8月の方が暑かったといえる。

2007年8月の最頻値を含む階級は32℃以上34℃未満だが，1997年8月の最頻値を含む階級は30℃以上32℃未満なので，2007年8月の方が暑かったといえる。

（その他，範囲，最大値を含む階級などに着目してもよい。）

7 浮かぶ木片 (p.56)

1 (1) ウ

(2) 説明例

0～3秒後では，1秒あたり$\frac{1}{3}$cm上昇し，0～17秒後では，1秒あたり$\frac{5}{17}$cm上昇しており，水位の上昇する割合に変化が見られる。

これは，木片が浮いたことで，底面積が変化したからだと考えられる。

(3) オ，キ

(4) 0～3秒の間は，水の入る底面積は，
$10 \times 10 - 5 \times 5 = 75 (cm^2)$

また，この間での水の増える深さは，
1秒あたり
$1 \div 3 = \frac{1}{3} (cm)$

したがって，水の入る割合は，1秒あたり
$75 \times \frac{1}{3} = 25 (cm^3)$

　　答　1秒あたり　25cm³

(5) 木片が浮いた後の水の入る底面積は，
$10 \times 10 = 100 (cm^2)$

したがって，求める割合は，

$25 \div 100 = \frac{1}{4} (cm)$

　　答　1秒あたり　$\frac{1}{4}$(0.25)cm

8 絵画展覧会 (p.60)

1 (1) ア

(2) エ

2 (1) aが3の倍数ならば，aは6の倍数である。

逆が正しくない例　$a=3$

(2) イ

9 ハノイの塔 (p.62)

1 (1)

2手目　　　　3手目

(2) 5手目

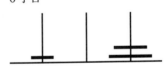

6手目

(3) 説明例

組になっている一方の図がa手目で，他方の図がb手目であるとすると，$a+b=7$という特徴がある。

(4) ① 　　　　　答　3手

② （図では，三角形が2回と1番大きな円盤が1回移動している。）

　　答　$3 \times 2 + 1$または$3 + 1 + 3$　など

(5) ① 2手

② 3本の棒を，B→C→A→B→C→A→B→Cの順（で，規則的に移動している。）

③ 4手

④ 3本の棒を，C→B→A→Cの順

⑤ （上から）8, 4, 2, 1

10 カレンダー (p.66)

1 (1) 5
(2) 月曜日
(3) ① 61 ② 8 ③ 5
(4) 説明例
3月3日は3月1日から数えて，3日目である。また，5月5日は3月1日から数えて，66日目である。
3÷7＝0 余り 3
66÷7＝9 余り 3
余りが同じなので，5月5日は3月3日と同じ曜日になる。
(5) イ

11 皿の破片 (p.70)

1 (1) 説明例
弦ABの垂直二等分線と弦CDの垂直二等分線の交点が円の中心である。
(2) エ
(3) ア

12 球と立方体の体積 (p.72)

1 (1) エ
(2) 4倍
説明例
スイカの半径を r とすると，スイカの中心を通る切り口の円の面積は
πr^2
また，スイカの表面積は $4\pi r^2$ である。
$4\pi r^2 \div \pi r^2 = 4$ だから，スイカの表面積は，切り口の円の面積の4倍である。

2 (1) イ
(2) イ
説明例
計算の過程で，r^3 の部分が約分されてなくなるので，球の体積が立方体の体積の何倍であるかは，球の半径の値に関係なく決まる。

13 学校へ向かう妹と姉 (p.76)

1 (1) 200m
(2) ウ
(3) 点A，点B
説明例
点Aと点Bを結んだグラフから，その傾きを読み取る。

14 うちわの印刷 (p.78)

1 (1) 15000円
(2) オ
(3) 説明例
グラフ上の点で，x 座標の値が350で，y 座標の値が最も小さい点を通るグラフで表された店を選ぶ。

15 直角二等辺三角形を折る (p.80)

1 (1) 45度
(2) 75度
(3) 説明例
線分PQで折り返したので，
∠DPQ＝∠BPQ ……①
ところで，点Pは辺AB上の点だから，
∠APE＋∠DPQ＋∠BPQ
＝180° ……②
①と②から，
∠APE＋2∠DPQ＝180°
ここで，∠APE＝x°，∠DPQ＝y°とすると，
$x + 2y = 180$
$2y = 180 - x$
よって，$y = 90 - \dfrac{x}{2}$

(4) 折り返し方
∠APD＝60°となるように折る。
折り返した図

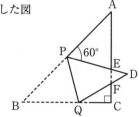

説明例
△APEと△DPQにおいて,
点Pは辺ABの中点で,線分PQで折り返したから,
　　AP=DP ……①
　　∠PAE=∠PDQ=45° ……②
∠APE=60°だから,
　　∠DPQ=90°$-\frac{1}{2}\times 60°$=60°
したがって,
　　∠APE=∠DPQ=60° ……③
①,②,③より,1組の辺とその両端の角がそれぞれ等しいから,
　　△APE≡△DPQ

16 はじめて使う単位 (p.84)

1 (1) ① 4　② 2
　　　0.2g
　(2) ア
　(3) ア
　(4) デシリットル　$\frac{1}{10}$
　　　デシメートル　$\frac{1}{10}$

17 連立方程式の解き方 (p.86)

1 (1) ①×5−②×2　$7x=165-116$
　　　　　　　　　　　$7x=49$
　　　　　　　　　　　$x=7$
　　　$x=7$を①に代入して,
　　　　　　　$3\times 7+2y=33$
　　　　　　　　　　　$y=6$
　　　したがって,$x=7$, $y=6$
　　　（解の表記はこれに限らない）
　(2) ア…$-\frac{3}{2}a$　　イ…$-\frac{7}{2}a$
　(3) 正しいxの値と仮に決めた5との差の半分
　(4) 7つ分
　(5) $m+2n$
　(6) $x=5$を①に代入して,$10+y=16$
　　　　　　　　　　　　　　　　$y=6$
　　　$x=5$, $y=6$のとき,②の左辺の式の値は,

$3x+4y=15+24=39$
したがって,もとの連立方程式の正しいxの値は,
　　$x=5+\frac{39-29}{5}=7$
このxの値を①に代入して,
　　$14+y=16$
　　　　$y=2$
したがって,もとの方程式の解は,
　　$x=7$, $y=2$
（解の表記はこれに限らない）

18 2つおきに並ぶ3つの整数の和 (p.90)

1 (1) 2
2 (1) 例①…4,②…7,③…10,④…21
　(2) 説明例
　　　$n+(n+3)+(n+6)=3n+9$
　　　　　　　　　　　　　$=3(n+3)$
　　　$n+3$は整数だから,$3(n+3)$は
　　　3の倍数である。
　　　したがって,2つおきに並ぶ3つの整数の和は3の倍数である。
　(3) 3つおきに並ぶ4つの整数の和は,
　　　4の倍数になる。

19 5の倍数の和 (p.94)

1 (1) 例①…45　②…50　③…55　④…150
　(2) 説明例
　　　　$5n+(5n+5)+(5n+10)$
　　　$=15n+15$
　　　$=15(n+1)$
　　　$n+1$は自然数だから,$15(n+1)$は15の倍数である。
　　　したがって,連続する3つの5の倍数の和は15の倍数である。
　(3) 連続する4つの5の倍数の和は,10の倍数になる。

20 偶数どうしの積 (p.96)

1 (1) 例
　　・例の式の積が,次のように変形できること。

$4×6=24=4×6=8×3$
$8×10=80=4×20=8×10$
$14×16=224=4×56=8×28$

・説明のメモの式 $n(n+1)$ は，連続する自然数の積で，n, $n+1$ の一方が偶数ならば他方は奇数となり，積 $n(n+1)$ は偶数になる。
だから，$4n(n+1)$ は8の倍数であること。

(2) ウ
(3) キ，ク

21 対角線への垂線 (p.100)

1 (1) イ
(2) さらに，AP＝CQ ……③
2組の辺とその間の角がそれぞれ等しいから，
(3) 平行四辺形ABCDの1組の向かい合う辺は等しいから，
　　AB＝CD　　　　　……①
また，AB∥CD だから，
平行な2つの直線に1つの直線が交わってできる錯角は等しいから，
　　∠ABP＝∠CDQ　　……②
AP, CQ は，それぞれ対角線への垂線だから，
　　∠APB＝∠CQD＝90°……③
①，②，③より，
2つの直角三角形で斜辺と1つの鋭角がそれぞれ等しいから，
　　△ABP≡△CDQ
(4) 平行四辺形の性質…エ
角についての性質…カ

22 角の二等分線 (p.104)

1 (1) △ABEと△ADQにおいて，
正方形の辺と角より，
　　AB＝AD　　　　　……①
　　∠ABE＝∠ADQ＝90°……②
また，仮定より，BE＝QD……③
①，②，③より，

2組の辺とその間の角がそれぞれ等しいから，
　　△ABE≡△ADQ
合同な図形の対応する角は等しいから，
　　∠AEB＝∠AQD
(2) ∠AEC＝∠AEB＝$a+b$
説明例
AQ は ∠DAP の二等分線だから，
　　∠DAQ＝∠PAQ＝b
正方形の向かい合う辺は平行だから，
　　∠AQD＝∠QAB
　　＝∠BAP＋∠PAQ＝$a+b$
(1) の結果より，
　　∠AEB＝∠AQD
したがって，
　　∠AEC＝∠AEB＝$a+b$
(3) イ
(4) 正三角形

23 正方形と対角線の垂線 (p.108)

1 (1) △BEFと△BCFにおいて，
EF は BD の垂線，∠BCF は正方形の角だから，
　　∠BEF＝∠BCF＝90°……①
また，仮定と正方形の辺の長さから，
　　BE＝BA＝BC　　　　……②
　　BF＝BF（共通な辺）　……③
①，②，③より，
直角三角形の斜辺と他の1辺がそれぞれ等しいから，
　　△BEF≡△BCF
合同な図形の対応する辺は等しいから，
　　EF＝CF
したがって，EF＝FC
(2) 線分ED（線分DE）
説明例
△EDFにおいて，
線分BDは正方形ABCDの対角線だから，
　　∠EDF＝45°
EFはBDの垂線だから，
　　∠DEF＝90°

したがって，△EDFは直角二等辺三角形で，ED＝EFである。

24 立方体の切り口 (p.110)

1 (1) PR＝QR ……②
3組の辺がそれぞれ等しいから．

(2) 仮定から　BP＝BQ ……①
BR＝BR（共通な辺） ……②
立方体の各面は正方形だから，
∠PBR＝∠QBR＝90° ……③
①，②，③より，
2組の辺とその間の角がそれぞれ等しいから，
△BPR≡△BQR

(3)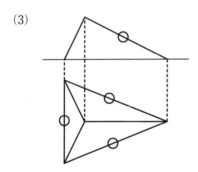

(4)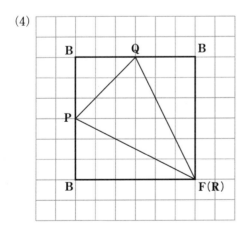

25 鉛筆立てをつくる (p.114)

1 (1) ア
説明例
四角形EFGHは，すべての辺の長さが8cmで等しいからひし形であり，1つの角が直角であるから。

(2) エ

(3) BC，FG，DC，HG

(4) イ（本書p.34〜35参照）

(5)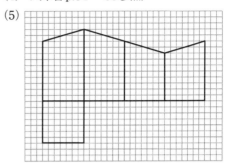

26 薬師算 (p.118)

1 (1) 20個

(2) ア

(3) 説明例
正方形の辺ごとに頂点以外のタイルを囲んでいるので，1つのまとまりの個数は$(n-2)$個である。
同じまとまりが4つあるので，このまとまりで数えたタイルの個数は$4(n-2)$個になる。
このとき，各頂点のタイルを数えていないので，タイルの全部の数は，$4(n-2)$より4個多い。

(4) イ，32個

【著者紹介】

■ 乾　東雄（イヌイ　ハルオ）
大阪教育大学講師，上宮高等学校非常勤講師
昭和22（1947）年　大阪府生まれ
大阪教育大学教育学部特別教科（数学）課程卒業，大阪教育大学大学院教育研究科（数学教育）終了。大阪教育大学教育学部附属天王寺中・高等学校教諭及び同附属天王寺中学校副校長，上宮太子及び上宮高等学校教諭を経て，2013年3月退職。この間，大阪教育大学教育学部教員養成実地指導講師を兼任。
現在，大阪府公立中学校数学教育研究会顧問（1994〜），堺市思考力コンテスト（中学生の部）アドバイザー（2009〜），大阪高等学校数学教育会指導法委員会委員（1994〜）などを兼務。
主な著書に，検定教科書『中学数学』（大阪書籍／日本文教出版），『解法のてびき』（共著，科学新興社），『新・中学校数学指導実例講座4数量関係』（共著，金子書房），『新授業づくり選書7　中学校数学科の新絶対評価問題』（共著，明治図書）など。

■ 上田　喜彦（ウエダ　ノブヒコ）
天理大学人間学部教授
昭和36（1961）年　奈良県生まれ
奈良教育大学教育学部卒。奈良市立小学校教諭，奈良市教育委員会指導主事，天理大学准教授を経て，2010年から現職。
専門は数学教育学，教師教育。特に，数学教育におけるメタ認知の研究。
主な著書に，『小学校算数実践指導全集』（分担執筆，日本教育図書センター），『生きる力を育む算数授業の創造』（分担執筆，ニチブン），『算数授業で「メタ認知」を育てよう』（共著，日本文教出版社）など。

■ 城田　直彦（シロタ　タダヒコ）
桐蔭横浜大学准教授
昭和37（1962）年　大阪府生まれ
奈良教育大学大学院修了。中学校の数学教師を経て，桐蔭横浜大学准教授。専門は，数学教育。
幅広い雑学知識を生かして，「身近な疑問研究家」としても活躍。「星田直彦」のペンネームで，『単位171の新知識』（講談社ブルーバックス），『図解・よくわかる測り方の事典』，『図解・よくわかる単位の事典』（KADOKAWA），『楽しく学ぶ数学の基礎』シリーズ（サイエンス・アイ新書）など著書多数。

■ 荊木　聡（イバラキ　サトシ）
大阪教育大学附属天王寺中学校教諭
昭和44（1969）年　和歌山県生まれ
平成4年から貝塚市立中学校教諭として勤務し，平成9年3月に兵庫教育大学大学院を修了する。平成22年度から現職。
主な著書に，数学教育に関しては，平成28年度版「新版 数学の世界」（共著，大日本図書），「こうすれば空間図形の学習は変わる」（共著，明治図書）等。また，道徳教育に関しても，中学校道徳読み物資料作成協力者として，「中学校道徳読み物資料集」（文部科学省，平成24年3月）に執筆するなど，著書・論文多数あり。

中学校数学「PISA型学力」に挑戦！　B問題対策と「学力向上」

発　行	2015年11月25日　第1版第1刷
著　者	乾東雄／上田喜彦／城田直彦／荊木聡
発行者	岩田　弘之
発行所	株式会社 日本教育研究センター
	http://www.nikkyoken.com/
	本　社　〒540-0026　大阪市中央区内本町 2-3-8-1010
	Tel.06-6937-8000　Fax.06-6937-8004
カバー表紙デザイン	中原　航
ＤＴＰ	有限会社シービー関西
イラスト	株式会社スワイク
印刷所	シナノ書籍印刷株式会社

本書の無断複写・複製・転載を禁じます。
ただし，問題編の授業における利用に限り複写を許可します。
落丁・乱丁はお取り替えします。
©2015 Haruo Inui／Nobuhiko Ueda／Tadahiko Shirota／Satoshi Ibaraki
Printed in Japan
ISBN978-4-89026-175-8 C3041